特洛无人机趣味编程

洪河条　王运弘 著

浙江工商大学出版社
ZHEJIANG GONGSHANG UNIVERSITY PRESS
·杭州·

图书在版编目(CIP)数据

特洛无人机趣味编程 / 洪河条, 王运弘著.
— 杭州:浙江工商大学出版社, 2021.8(2022.12重印)
ISBN 978-7-5178-4400-6

Ⅰ.①特… Ⅱ.①洪… ②王… Ⅲ.①无人驾驶飞机
—程序设计 Ⅳ.①V279

中国版本图书馆CIP数据核字(2021)第054708号

特洛无人机趣味编程
TELUO WURENJI QUWEI BIANCHENG

洪河条　王运弘　著

责任编辑	吴岳婷
封面设计	沈　婷
责任印制	包建辉
出版发行	浙江工商大学出版社
	(杭州市教工路198号　邮政编码310012)
	(E-mail:zjgsupress@163.com)
	(网址:http://www.zjgsupress.com)
	电话:0571-88904980,88831806(传真)
排　版	杭州朝曦图文设计有限公司
印　刷	杭州宏雅印刷有限公司
开　本	787mm×1092mm　1/16
印　张	18.75
字　数	242千
版印次	2021年8月第1版　2022年12月第2次印刷
书　号	ISBN 978-7-5178-4400-6
定　价	59.00元

序

2017年7月国务院印发《新一代人工智能发展规划》，规划中明确指出："在中小学阶段设置人工智能相关课程，逐步推广编程教育。"2018年4月教育部印发的《教育信息化2.0行动计划》中提出："充实适应信息、智能时代发展需要的人工智能和编程课程内容。"在编程教育成为目前教育界热门话题的同时，编程课程也逐渐向低龄化发展，人们普遍意识到学习编程不等于以后要当程序员，它是我们接触科技前沿、把握未来的一种方式，也是养成计算思维、与机器协作对话的必经之路。

校内校外的编程热引发了思考：编程热带来用户规模和市场规模的剧增，但如果学习编程还是走过去机械化、脱离孩子生活经验的操作技能训练的老路，那一定是条弯路。低龄孩子怎么学编程才符合教育规律？编程能否引起孩子持续的学习兴趣？如何保证编程学习质量？近日，教育部在给全国政协委员提案的答复函中称，教育部高度重视学生信息素养提升，已制定相关专门文件推动和规范编程教育发展，培养培训能够实施编程教育相关师资，将包括编程教育在内的信息技术内容纳入中小学相关课程。不可否认，当下低龄孩子编程教育行业需要规范，但这并非编程本身存在问题，如果我们多一些图形化的编程创意、游戏化的教学手法，多一些难易合理的课程设置，一定会有更多孩子愉悦地进入编程的大门。

为了让更多的孩子愉悦地进入编程的大门，作者在调研众多培训机构、各中小学的编程课程设置以及培训教材的基础上，选择Scratch这一图形化编程工具,基于RoboMaster TT无人机的应用场景,由浅入深,由简到繁,用故事去营造生活情境,吸引孩子去挑战学习任务。从讲故事到学什么到怎么学到学后思,用孩子们的视角和语境娓娓道来,努力领着孩子们愉悦地跨入编程的大门,该书这一抛开传统教材的写作结构是最吸引我的地方。另一个值得赞赏的地方是该书所有的案例和项目均提供真实的RoboMaster TT无人机按程序飞行的视频。更难能可贵的是,作者为了检验该书程序编写的合理性和可实施性,所有的案例和项目飞行均由零基础的同学通过教材给出的程序学习去实施,反复调试才得以完成。在当前较为浮躁的编程教育教材行业,作者用心去写,用真实的情境去展现,用孩子们的视角去发现问题、解决问题,并努力将目标上升到思维层面、创新层面与责任层面,十分难能可贵。相信用过该书的读者会和我有同样的感受。

章苏静

2021 年 1 月于杭州

前 言

人工智能时代,作为与计算机进行沟通的一种方式,编程逐渐成为一项人人追捧的技能:连每天钻在Excel里面与电子表格打交道的人都开始学起了Python以提升工作效率,更遑论数以万计以编程为生的程序员。在愈演愈烈的"编程热"中,编程教育逐渐下沉,从高中生到初中生,甚至借助图形化编程方法,下沉到了小学教育。2020年11月教育部在给全国政协委员提案的复函中提到,编程教育等信息技术内容已纳入小学、初中科学课程和中小学综合实践活动课程,从师资、政策等方面都对儿童编程教育工作做出了相关的安排。

然而目前各地开展的编程教育虽然轰轰烈烈,颇有一股"撸起袖子加油干"的劲头,但却在对儿童编程教育的实质理解上出现了一些偏差。本书认为:儿童编程实际上并非对"编程技能"的学习,而是对于"编程过程"的学习。两者的区别在于:"编程技能"的学习,重在"如何做";而"编程过程"的学习,重在"如何想",解决了"如何想"的问题,同学们才能在离开教材、离开老师的情况下独立解决实际生活中的种种问题,这才是儿童编程教育的本质所在。

本书从这一观点出发,旨在为希望通过编程学习提升计算思维的同学提供一条可选的道路。因此在本书编写的过程中,重点做出了以下尝试:

(1)以RoboMaster TT为编程实体。为了让编程的成果"看得见""摸得着",让成果具有现实意义,本书选用了大疆的RoboMaster TT作为编程的载体,通过对RoboMaster TT的飞行过程进行编程,从而具象化程序语句,帮助同学们理解程序运行的逻辑;同时,无人机在生活中的应用场景越来越多,对

RoboMaster TT的编程学习一方面能够提升同学们的计算思维,另一方面能带领同学们对无人机进行更加深入的了解。

(2)以飞行视频与编程视频互补进行教学。为了实现"让所有使用本书的同学都能学到东西"的目标,本书在每一个编程案例(或项目)中都安排了RoboMaster TT的飞行视频和编程过程的配套视频,从而尽可能地帮助使用本书的同学,尤其是零基础的同学。即使你没有Scratch编程基础(或其他编程基础),只要跟随本书进行学习、思考,相信你也一定能够有所收获。

(3)以思维导图为"编程思维"的载体。本书后半部分的进阶篇主要以RoboMaster TT的复杂飞行以及功能拓展为项目内容,为了突出"编程思维"的学习,进阶篇中的复杂飞行案例都进行了程序的模块化处理,将复杂的程序逻辑进行分解,把不同的功能划分进不同的模块中,通过"思维导图"的形式,促进同学们对"编程思维""逻辑过程"进行吸收理解。

(4)以"读—想—做—思"为编写逻辑。对于难度较高的进阶篇,本书试图用一个故事引入,努力使用讲故事的方法将编程的内容情境化,使其在阅读、学习的过程中更具有趣味性;故事结束之后,本书将编程内容分阶段提出阶段目标、分模块提取模块功能,引导同学们对程序的逻辑进行思考,尝试解决"如何想"的问题;然后再分阶段、分步骤地详细讲解程序的具体实现语句;最后,在完成"如何做"的基础上,对该项目的重难点进行设问,引导同学们将本次项目所学的知识进行延伸,让学习的成果不再局限于某一种飞行功能(或者飞行过程),从而接近儿童编程课程的最终目标,即树立计算思维的信息素养。

本书由洪河条负责策划与统稿工作,洪河条、王运弘负责结构设计,章苏静负责修订,汪晨、王运弘负责基础篇的编写,王运弘、洪河条负责进阶篇的编写,张陈行负责进阶篇开篇故事的编写,王运弘、汪晨负责程序调试、飞行视频拍摄和制作。在编写本书的过程中,感谢杭州飞鼠教育科技有限公司的大力支持(在内容的设计和人员的安排、整书的出版以及经费等方面都提供了帮助),感谢王书剑老师为本书基础篇提供的大量教学案例。此外,在本书的编写过程中,还得到了教育技术专业本科同学的大力支持,感谢邱子芮同学参与进阶篇的飞行视频及编程视频的拍摄与试编程工作;感谢孙泽源、张建源同学对"声控探险"项目提供的初期步骤脚本;感谢朱晓杰、邵金花、钱欣沂以及努尔比耶·图尔贡同学参与程序的调试。在本书的编写过程中,参考了大疆社区网友"fans0bba4556"的部分程序,在此表示衷心的感谢!

　　本书为浙江省"十三五"师范教育创新工程"未来教师的数字能力养成"建设项目成果。在本书编写过程中,对于书中引用的资料我们尽量注明出处,但由于本书编写时间较为紧张,难免挂一漏万,如有遗漏,恳请告知,谢谢! 希望广大教师和学习者在使用本书的过程中,能给我们提供宝贵的意见和建议,以便我们进行修正。

作者

2021 年春于杭州

目 录

Contents

基础篇

进阶篇

基础篇

本篇导读

　　本篇是RoboMaster TT无人机使用的基础，我们将使用Tello EDU软件对RoboMaster TT进行操控，利用Tello EDU对RoboMaster TT的基础飞行功能进行学习。本篇的内容包括通过定点起降和矩形飞行、空间定点直线飞行、曲线飞行、认识函数、拍照录影、自定义点阵屏、障碍飞行赛、无人机舞蹈8个案例，由浅入深，由简到繁，手把手、按步骤讲解RoboMaster TT的各个飞行语句，助力大家使用RoboMaster TT发挥心中所想，创造属于自己的无人机飞行姿态！除了8个案例，本篇还简单介绍了Tello EDU之外的其他几个RoboMaster TT的编程方法及平台，例如Swift Playground、Mind+等，如果在学习完本书之后还觉得不过瘾，可以试试用新平台、新语言对RoboMaster TT进行控制！

　　如果你已经做好了准备，那么接下来就让我们一起走进本篇，通过8个案例，让你的RoboMaster TT飞起来吧！

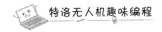

一、无人机与RoboMaster TT

在进行无人机编程的学习之前,我们先来认识一下无人机。无人机是"无人驾驶飞机(Unmanned Aerial Vehicle)"的简称,通常使用无线电遥控设备或自备程序控制装置进行操控。常见的无人机造型如图1-1-1所示。

图1-1-1　常见无人机

问题1:无人驾驶的飞行器就是无人机吗? 纸飞机是无人机吗? 航模是无人机吗?

前面提到的无人机定义中,有两个关键点:是"飞机";自备程序控制装置(能自主飞行)。纸飞机虽然也叫作"飞机",但是纸飞机不具备动力系统,所以不是无人机;航模具有动力系统,但是航模无法做到自主飞行,所以航模也不是无人机。

图1-1-2是一张比较典型的无人机结构分解图。从图1-1-2中可以看到,无人机通常具有控制系统、机架、遥控系统(可选)、云台相机(可选)以及动力系统。控制系统集成在无人机的内部,一般由控制器、陀螺仪、加速度计、气压计等装置组成。机架则是无人机的承载平台,所有设备都是用机架承载起来飞上天的。动力系统则包括了螺旋桨、电机等装置,它们能够给无人机提供

飞上天的动力。遥控系统是一个可选装置，也就是说无人机既可以通过遥控系统控制，也可以不通过遥控系统控制。当无人机不通过遥控系统控制的时候，则需要往无人机系统中写入自动飞行的程序代码，这样无人机就可以在不使用遥控器的情况下飞行啦！至于云台相机则是另一个可选装置，有些任务需要使用无人机对地面进行拍摄，可以选用具有云台相机的无人机；执行农业洒水、撒药等任务也可以不需要云台相机。

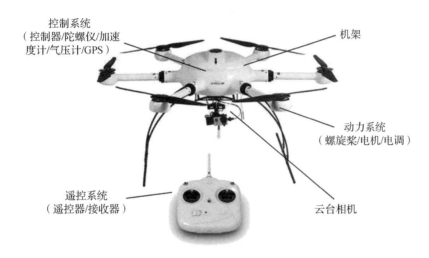

图1-1-2　无人机构造

为了更好地学习无人机编程，我们还需要更加深入地了解一下无人机。以常见的四翼无人机为例，无人机的桨叶分为两种：正桨和反桨。一对正桨的特征是左边低右边高，是按照顺时针方向旋转；反桨则与之相反，是左边高右边低，按照逆时针方向旋转。如图1-1-3所示。

问题2：正桨和反桨是如何相互作用产生无人机的动力的呢？

试试看，从网络或者其他渠道查找正反桨的工作原理！

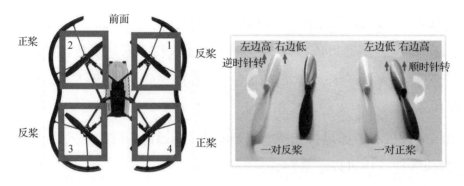

图1-1-3　正桨与反桨

无人机的运用场景十分广泛,从军用到民用,无人机能够发挥作用的场景非常多,以至于无人机暂时没有一个统一的分类方式。按照飞行平台构型分,无人机可以分为固定翼无人机、旋翼无人机、无人飞艇、伞翼无人机、扑翼无人机等;按用途分,无人机可以分为军用无人机和民用无人机,军用无人机有侦察无人机、诱饵无人机、无人战斗机等,民用无人机有巡查无人机、农用无人机、气象无人机、勘探无人机等。此外,还可以按照飞行高度、活动半径、质量等对不同的无人机进行分类。

如图1-1-4~图1-1-6所示的无人机都是在生活中常用的功能性无人机,在本书中将要学习的是来自大疆的一款教育无人机——RoboMaster TT(见图1-1-7和图1-1-8)。

图1-1-4　无人机送快递　　图1-1-5　无人机勘探　　图1-1-6　无人机洒水

图1-1-7　RoboMaster TT正面　　　　图1-1-8　RoboMaster TT侧面

"RoboMaster TT致力于降低机器人和人工智能学习门槛，在学生刚接触科技教育初期培养其好奇心与自信心。为此，RoboMaster TT 在Tello EDU的基础上拥抱开源并全新升级，通过丰富的软硬件拓展性，实现多机协同控制、人工智能应用等。"RoboMaster TT的官网如此形容RoboMaster TT。

从技术参数来看，RoboMaster TT重87克，具有一个Miscro-USB接口，最大飞行距离为100米，最大飞行速度为8米/秒，最大飞行高度为30米，最大飞行时间为13分钟。作为Tello EDU的升级版，RoboMaster TT多了3个扩展配件——开源控制器、测距点阵屏扩展模块以及转接拓展板，通过这3个扩展配件，RoboMaster TT可以外接大量的第三方传感器。同时，RoboMaster TT开放DJI官方SDK，支持I2C、SPI、UART、GPIO等多种可编程传感器接口，助力用户编程实现多种人工智能应用。

从参数上看，RoboMaster TT可能暂时还不能完成工业意义上的勘探、洒水等实际功能，但是它已具有的功能对于体验无人机以及学习无人机编程来说已经绰绰有余啦！简单了解完无人机和RoboMaster TT，接下来，就让我们从零开始，一步一步学习如何操作它吧！

二、Tello EDU 环境配置

1.开始学习

在前面的内容中,我们学习了无人机的基本结构,简单了解了无人机的工作原理、分类方式等,这些内容都有利于我们的无人机编程学习。本书主要以大疆公司的 RoboMaster TT 无人机作为操作对象,通过对 RoboMaster TT 进行编程,来进行无人机的深入学习。

当一台崭新的 RoboMaster TT 放在大家面前的时候,相信大家一定都手足无措吧! RoboMaster TT 究竟如何操控? 如何让它起飞呢? 接下来,就让我们开始学习如何安装 Tello EDU 软件并开始操控 RoboMaster TT 吧!

2.我们的目标

本节的学习要实现的目标就是:给自己手上的移动设备安装好 Tello EDU 软件。最终目标虽然简单,但是也有几个阶段性的小目标,可以帮助没有电子设备使用基础的同学们达到最终的目标:

(1)判断手上的设备类型;

(2)找到相应设备的应用商店;

(3)下载并安装 Tello EDU。

3.我们怎么做

Tello EDU 的下载分为两种情况,分别对应4种移动设备:安卓(Android)

手机;安卓平板;苹果(iOS)手机;苹果(iPad OS或iOS)平板。其中安卓手机和安卓平板下载方法一致,苹果手机和苹果平板下载方法一致。

安卓(Android)系统Tello EDU下载

1 本书以"小米6"手机为例,介绍进行Tello EDU软件下载的两种方式。第一种是通过小米官方的应用商店进行下载(见图1-2-1)。

找到应用商店

打开应用商店

进入搜索界面

搜索"Tello EDU"

图1-2-1 小米官方应用商店下载示例

2 华为、OPPO、vivo等手机品牌均有官方的应用商店,可以在各自的应用商店中找到"Tello EDU"。如果自己的手机不能找到应用商店或没有应用商店,可以扫描下方二维码(见图1-2-2)进行下载。

图1-2-2 Tello EDU软件下载二维码

苹果（iOS 或 iPad OS）系统 Tello EDU 下载

1 苹果系统通常只有苹果品牌的手机和平板电脑拥有应用商店，所以如果你的移动设备是苹果品牌的话，就可以使用下述方式进行安装（见图1-2-3）。

找到 App Store

在下方找到搜索

输入"Tello EDU"

点击获取即可

图1-2-3　苹果官方应用商店下载示例

2 特别地，苹果平板（iPad）有两种操控 RoboMaster TT 的方法，通过 Tello EDU 是第一种，另外一种在本书第一单元的最后将会介绍到。

注意：iPad 也同样可以在 App Store 中下载 Tello EDU。

Tello EDU 与 RoboMaster TT 的连接

1 当你安装好了 Tello EDU 之后，就可以开始准备进行 RoboMaster TT 的程序编写啦！不过在使用 Tello EDU 控制 RoboMaster TT 之前，还有一步要做哦！就是让Tello EDU 和RoboMaster TT连接起来。那么应该怎么连接呢？首先请查看自己手上的RoboMaster TT的Wi-Fi名称,通常位于电池仓内(或开源控制器背面),如图1-2-4所示(连接上开源控制器后是RMTT-××××××,未连接开源控制器则是Tello-××××××)。

图1-2-4　RoboMaster TT的Wi-Fi名称所在位置

2　先将RoboMaster TT开机。点击RoboMaster TT侧面的电源键(见图1-2-5),看到RoboMaster TT头部摄像头旁边的灯光开始闪烁的时候说明RoboMaster TT已经开机啦,如图1-2-6所示！

图1-2-5　RoboMaster TT的电源键 图1-2-6　RoboMaster TT处于开机状态

3　然后将移动设备(手机或平板)连接到RoboMaster TT的Wi-Fi信号

上,如图1-2-7所示。

图1-2-7　将移动设备连接到RoboMaster TT的无线信号上

4　进入Tello EDU软件,主界面(见图1-2-8)的左下角有4个按钮,选择第二个"积木",这也是基础篇中主要使用的编程方法。

图1-2-8　Tello EDU主界面

5　进入"积木"界面之后,如果移动设备(手机或平板)已经正确连接到RoboMaster TT的无线信号上,Tello EDU会自动连接上RoboMaster TT,界面左上角会显示连接的IP地址(见图1-2-9)。

图1-2-9 连接成功左上角将会显示IP地址

6 如果Tello EDU一直没有自动连接,点击界面左上角的"Wi-Fi尚未连接"字样。

7 在弹出的"无人机连线"界面(见图1-2-10)点击连线状态,查看连接详情,点击下方"重试"按钮(见图1-2-11),如果RoboMaster TT一直未能连接到Tello EDU,请再次检查移动设备是否连接到RoboMaster TT的Wi-Fi信号上了。

图1-2-10 无人机连线界面

图1-2-11　连线状态

4.我们学到了

通过本节内容的学习,大家学会获取 Tello EDU 软件并将移动设备与 RoboMaster TT 连接到一起了吗? 根据最终 RoboMaster TT 与 Tello EDU 连接的情况,给自己的学习过程打个分吧!

(1)我成功地下载到了 Tello EDU 软件!

☆ ☆ ☆ ☆ ☆

(2)我成功地让 RoboMaster TT 和 Tello EDU 连接在一起啦!

☆ ☆ ☆ ☆ ☆

如果在操作中遇到了问题,不要着急,看看下面的 Q&A 中有没有解决方案!

Q1:我在手机里没有找到应用商店/我不知道哪个软件是应用商店。

A1：可以向爸爸、妈妈、老师等求助，或者扫描图 1-2-2 中的二维码下载（仅限安卓系统）。

Q2：RoboMaster TT 一直连接不到 Tello EDU 上怎么办？

A2：首先检查 RoboMaster TT 是否已经开机；然后检查安装有 Tello EDU 的移动设备是否连接到了 RoboMaster TT 的 Wi-Fi 信号上；如果以上两步都确认无误仍旧无法连接，请及时联系大疆工作人员。

三、定点起降和矩形飞行

1.开始学习

从这里开始,大家就要逐渐开始使用Tello EDU进行RoboMaster TT的编程控制啦!古话说"千里之行,始于足下",良好的起步是打下坚实大厦的基础,所以大家不要小看这个案例的学习内容哦!

在这个案例里,大家需要让无人机做出简单的操作,让无人机在指定的地点进行起飞降落,也要使用飞行语句让无人机做出初步的飞行动作,大家已经开始期待案例的学习了吧?让我们马上开始!

2.我们的目标

通过这个案例的学习,最终目标是要让无人机按照矩形进行飞行,最终停留在指定的地点。虽然不是很难,但是也是要认真对待哦!几个阶段性小目标分别是:

(1)认识并使用"起飞""降落"语句;

(2)认识并使用"前进""偏航"等语句;

(3)使用Tello EDU编写程序。

扫码查看
飞行效果

3.我们怎么做

1 在Tello EDU上连接好无人机的Wi-Fi之后,就可以开始准备学习啦!首先点击图1-3-1中屏幕左侧的"飞行积木"。

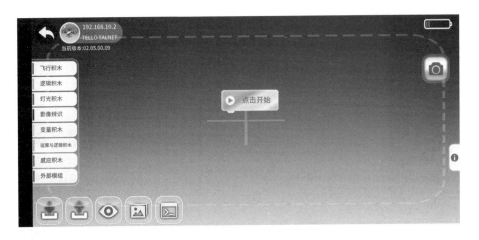

图1-3-1　Tello EDU主界面

2　在如图1-3-2所示的"飞行积木"界面中大家可以看到很多语句积木,这些都是可以让无人机直接进行飞行动作的语句,屏幕上深蓝色的语句(需要挑战卡)暂时不做学习。

图1-3-2　"飞行积木"界面

3　看到这些无人机的操作语句,想必你已经迫不及待了吧!那就赶紧试试吧!按住程序语句拖动到界面中央的编程区域,就可以调用这个语句啦!如图1-3-3所示,大家可以尝试让无人机先起飞再降落。要将"起飞""降落"

程序语句积木拖入界面中央的编程区域,并使得相邻积木连接在一起,成为一条完整的链条才可以哦。之后再点击"点击开始",无人机就会按照程序做起飞和降落动作啦!

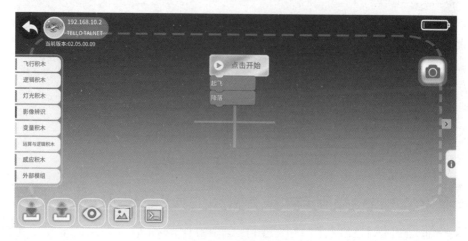

图1-3-3 起降积木

4 只能起飞和降落的无人机没法体现作用呀!赶紧让它四处转转!点击如图1-3-4中每个语句积木中的数字,就可以修改移动的距离啦!要注意数字的范围为20~500哦。

图1-3-4 修改无人机移动的距离

5 可是无人机现在只能往前往后或者往上往下飞,那怎么往左往右飞呢? 试试"左侧飞"和"右侧飞"(如图1-3-5)!

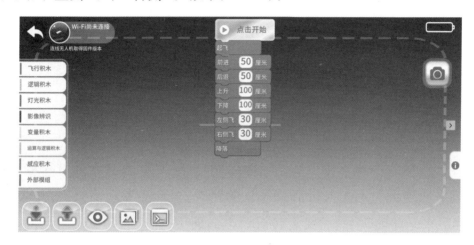

图1-3-5　加上侧向飞行积木

6 这下问题来了,无人机的机头只能朝着一个方向呀,如果我想让无人机转个方向,该怎么办呢? 别着急,用"左偏航"和"右偏航"试试(如图1-3-6)! 要注意"左偏航"和"右偏航"后的数字是转向的角度哦!

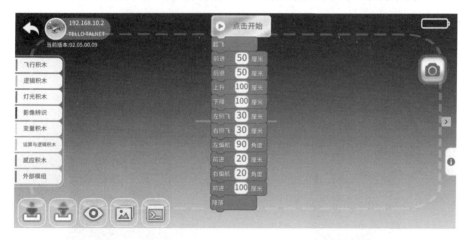

图1-3-6　大部分RoboMaster TT的控制语句

7 好啦! 简单的无人机操控我们已经都尝试过啦! 接下来,大家要挑战加大难度的飞行方式！我们要让无人机按照矩形的轨迹进行飞行（见图1-3-7）！

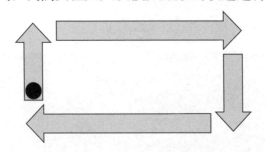

图1-3-7　矩形飞行示意图

8　假设无人机是图1-3-7中的黑点，它需要跟随箭头飞行矩形轨迹。先来简单地分析一下无人机需要飞行的路线：首先需要向前飞，然后要右转90°；接下来是向前飞，然后又右转90°；再向前飞，然后右转90°；最后向前飞，降落（见图1-3-8）。

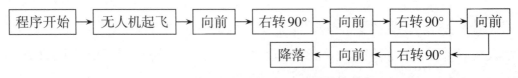

图1-3-8　飞行流程图

9　看看大家写的程序和下面一样吗？

图1-3-9　第一种实现方式

图1-3-10　第二种实现方式

4.我们学到了

经过本案例的学习,同学们已经尝试使用了最基本的RoboMaster TT控制语句,而且还使用各种飞行语句进行了一次飞行轨迹为矩形的花式飞行,恭喜你! 根据最终的矩形飞行的效果,给自己的学习过程打个分吧!

扫码查看
完整编程
视频

(1)我成功地让无人机起飞和降落啦!

☆ ☆ ☆ ☆ ☆

(2)我能够让RoboMaster TT按照自己的想法进行各个方向的飞行!

☆ ☆ ☆ ☆ ☆

(3)根据书上的讲解,我能够独立编写使无人机矩形飞行的程序啦!

☆ ☆ ☆ ☆ ☆

(4)合上书本,我能够自己画一个正方形并让RoboMaster TT按照正方形的轨迹进行飞行!

☆ ☆ ☆ ☆ ☆

如果在操作中遇到了问题,不要着急,看看下面的Q&A中有没有解决方案!

Q1:为什么我拖动完程序点击开始之后,RoboMaster TT没有按照程序飞行呢?

A1:请检查编写程序的Tello EDU是否连接到RoboMaster TT!

四、空间定点直线飞行

1.开始学习

在前面的案例中,大家通过Tello EDU已经能够让RoboMaster TT在预定的地点进行定点起降,而且也能控制无人机进行简单的直线飞行了。你已经在掌控RoboMaster TT的道路上踏出了坚实的一步,恭喜你!

在这个案例中,RoboMaster TT将要从二维的平面中跳脱出来,在现实的三维空间里进行定点飞行。虽然和之前的案例相比难度有所上升,但是跟着本书的脚步,相信大家一定能够很快理解并掌握相应的知识,加油!

2.我们的目标

这个案例的学习,是要让无人机在一个三维空间中画出一个矩形,虽然和前一个案例一样都是画矩形,但是这次的目标可是在三维空间中哦!大家看图1-4-1,由点A、B、C、D构成的这一面就是我们要画出的矩形啦!怎么样,难度不小吧?为了能够更快、更好地让无人机画出这个矩形,大家有几个阶段性的小目标:

(1)对空间以及立体有初步的认识;

(2)了解使无人机直线飞行的方法,了解函数中各个参数的作用;

(3)能够初步地根据当前所在的位置确定另一个点在空间中的具体位置;

(4)使用Tello EDU编写程序。

扫码查看
飞行效果

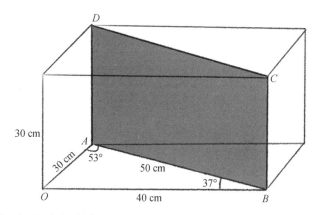

（注：图中角度为近似值）

图1-4-1　空间矩形示意图

3.我们怎么做

1 大家观察一下生活中的各种物品,这些物品都存在于三维空间,从正面看过去是长方形、正方形或者其他的图形。这些图形的共同点在于:它们只在一个平面中,也就是说它们只有长和宽(边长)。而当我们换一个视角去看它们时,大家可以发现,除了长宽之外,它们多了一条边界线:高。多出来的这个"高",就是三维世界和二维世界的区别。

图1-4-2　现实世界的"立方体"

2 由于生活中的物品大多以实体形态存在,大家不易看到它们的具体结构,通过图1-4-3的几张图片,我们感受一下一些常见物体的三维结构。图片里面的虚线表示从当前的视角我们看不到的部分。

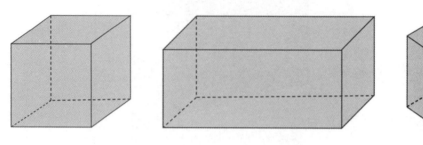

图1-4-3　立方体示意图

3　通过图1-4-2和图1-4-3的对比,大家已经对于三维空间和立体图形有了一定的认识和了解,那么它们和无人机有什么关系呢？在本次学习的案例中,大家需要学习的语句就和三维空间紧密相关哦。

4　图1-4-1为例,在这个长方体中,阴影的区域就是一个长方形,无人机从点 O 出发(无人机的机头朝向 A 点),经过 A 点,到达 B 点,这样的无人机飞行轨迹,你能通过编程实现吗？

根据前面所学的知识,大家应该都能写出来吧(参考图1-4-4)！

图1-4-4　平面转向飞行

5 通过让无人机转向,我们能够实现让无人机在同一平面内斜向飞行,那么如果我们想让无人机在斜向飞行的同时还要往上提升高度,该怎么办呢? 简单来说,就是让无人机从 *A* 点出发,直接飞到 *C* 点,大家还能够使用"前进""上升""偏航"指令写出来吗?

要让无人机从 *A* 点飞到 *C* 点,如果使用"前进""上升""偏航"这样的语句,可以让无人机按照先偏航(机头朝向 *B*),再前进(飞到 *B* 点),最后再上升(飞到 *C* 点)的顺序来实现。但按照上述的飞行方式,无人机的飞行是有先后顺序的,并且每条语句都只控制无人机单独在一个方向进行运动。而无人机从 *A* 点到 *C* 点的直线飞行,是无人机在"前进""上升""偏航"三个方向同时运动的过程,无人机必须要同时前进、向右飞、上升,这样一来,我们用之前所学的语句就无法完成任务啦!

那么我们就真的没办法实现这个功能了吗? 答案当然是否定的啦! 在Tello EDU 中,还有一条语句,就是专门用来让无人机同时在不同方向进行飞行的哦! 这条语句就是"前往 XYZ(　　)厘米(　　)厘米(　　)厘米"(见图1-4-5)。

图 1-4-5 "前往 XYZ"指令

6 在"前往 XYZ(　　)厘米(　　)厘米(　　)厘米"这条语句中,第一个空格里面要填的数字就是无人机在纵深方向(向前或向后)飞行的距离;第二个空格填的数字是无人机在左右方向(向左或向右)飞行的距离;第三个空格填的数字是无人机在垂直方向(上升或下降)飞行的距离;以图1-4-5为例,

"前往XYZ(40)厘米(30)厘米(30)厘米"命令的意思就是让无人机在向前飞40厘米的同时向左飞30厘米并且上升30厘米。

7 刚才我们提到"前往XYZ(40)厘米(30)厘米(30)厘米"的具体含义，是无人机向前、向左、向上。那么，无人机不能向后向右向下吗？接下来我们就回答这个问题。首先，在"前往XYZ(　　)厘米(　　)厘米(　　)厘米"语句中，不带正负号的数字分别表示向前、向左和向上，这是程序默认的设定，大家记住就可以啦！那么，若想让无人机往反方向飞，即向后、向右、向下，该怎么办呢？我们只要在各个数字前面加上一个负号"－"就可以啦（见图1-4-6）！

图1-4-6 带"－"号的指令

回到我们的问题，让无人机从A点出发，直接飞到C点的语句，现在你会写了吗？图1-4-7给你参考。

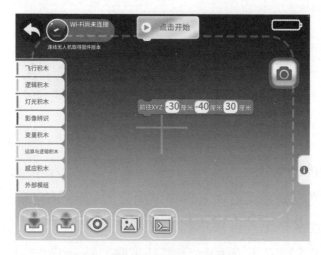

图1-4-7 从A到C的指令

8　现在你理解"前往XYZ(　　)厘米(　　)厘米(　　)厘米"语句的含义了吗？如果让无人机从A点出发，经过B点到达C点再飞到D点，这样的一个无人机飞行轨迹，你能写出来吗？可以看看图1-4-8哦！

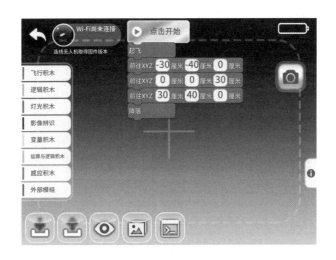

图1-4-8　空间矩形飞行路线程序

4.我们学到了

在这个案例中，大家学习了"前往XYZ"的飞行指令，把RoboMaster TT的飞行路径从二维的平面，提升到了三维的空间，这是一个巨大的飞跃。虽然案例中只是让RoboMaster TT按照一个立起来的矩形形状进行了飞行，但是相信在掌握了"前往XYZ"指令的你的手中，RoboMaster TT一定能够飞出更多的花样！

扫码查看
完整编程
过程

（1）我成功地让RoboMaster TT进行一次空间直线定点飞行啦！

☆ ☆ ☆ ☆ ☆

（2）我能够让RoboMaster TT按照自己的想法进行各个方向的飞行！

☆ ☆ ☆ ☆ ☆

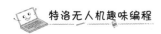

（3）关上书本，我能够自己画一个正方形并让RoboMaster TT按照"立起来"的正方形的轨迹进行飞行！

☆ ☆ ☆ ☆ ☆

这个正方形的程序语句应该是：

如果在操作中遇到了问题，不要着急，看看下面的Q&A中有没有解决方案！

Q1：为什么想要让RoboMaster TT往左飞的时候它却往右飞（飞行方向相反）？

A1：请检查你输入的数字，不带符号的数字分别表示向前、向左和向上，加上"－"号则表示方向相反。

Q2："前往XYZ"的XYZ分别表示哪个方向？

A2：X为纵深方向（向前、向后）；Y为左右方向（向左、向右）；Z为垂直方向（上升、下降）。

五、曲线飞行

1.开始学习

通过前面案例的学习,大家已经掌握了控制 RoboMaster TT 的起飞降落以及直线飞行的各种语句,现在 RoboMaster TT 已经能够在我们的程序控制下进行简单的飞行动作啦! 恭喜你们!

但是学习的过程依然没有停止哦! 只是进行简单的直线飞行是无法满足大家的探索欲的,所以接下来就要深入学习无人机的操作,去挖掘一下它的其他功能。这个案例将让无人机进行曲线飞行,让无人机绕着你画一个圆吧!

2.我们的目标

在前面的案例中,大家曾经让无人机按照矩形、正方形的形状进行飞行动作,在这个案例中,最终的目标是要让无人机画一个圆形,在这个过程中,还有几个阶段性的小目标哦:

(1)认识曲线飞行函数,了解函数中各个参数的作用;

(2)能够理解曲线飞行弧线的构成方法;

(3)使用Tello EDU 编写程序。

扫码查看
飞行效果

3.我们怎么做

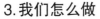 在前面案例的学习中,大家学到了让无人机在三维空间中按照直线飞行的语句"前往XYZ"。你还记得这个语句的意思吗? 这条语句的目的是让

无人机在三维空间中进行一次定点飞行,要注意的是,在这个指令下,它的飞行轨迹是一条直线。这个案例中,大家将会学习到一个新的指令:曲线飞行P1X(　　　)Y(　　　)Z(　　　)P2X(　　　)Y(　　　)Z(　　　)(见图1-5-1)。

图1-5-1　曲线飞行指令

2　通过简单的对比可以发现,曲线飞行指令相对前面的"前往XYZ"指令而言,多了3个空格(参数),P1后面的3个空格刚好也是一个XYZ的坐标值,而P2后面的3个空格也一样。这是什么意思呢?

大家知道,直线飞行只需要确定一个起点、一个终点,把它们连接起来,就是一条直线路线。就像图1-5-2一样:

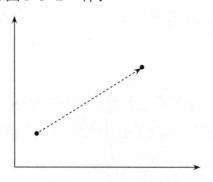

图1-5-2　直线段示意图

对于无人机来说,起点就是无人机当前所在的位置,指令"前往XYZ"就是给它提供一个终点,这样无人机就能把它们连接起来,形成一条直线路线。但是,要如何确定一条曲线呢?我们先来看一看曲线是什么样的,如图1-5-3所示。

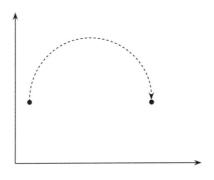

图1-5-3　曲线示意图

3　虽然曲线看起来好像也只有一个终点,但实际上其中有一个点隐藏起来啦! 这个点就是弧形的凸出点(见图1-5-4中的点A)。

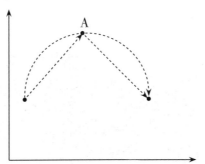

图1-5-4　曲线的"凸出点"

这样一来,除了起点之外,要想让无人机的飞行轨迹形成一条弧线,就要使这个凸出点和终点一起发挥作用才行! 所以在大家的"曲线飞行"语句中,出现了P1和P2两个点的XYZ值。那么,曲线飞行命令的P1的XYZ值对应的就是弧形的凸出点,P2的XYZ值对应的就是终点。只要给定了P1和P2,RoboMaster TT就能够根据这两个点的位置进行拟合,一旦能够拟合成一条曲线,那么就可以按照这条曲线进行飞行。

4　理解了曲线飞行语句的工作原理,接下来我们再了解一下语句中的各个XYZ值的含义。P1代表着凸出点,还记得上一个案例里我们学习的语句吗？它的X值代表了它和起点在纵深方向上的距离差值；它的Z值代表了它和起点在垂直方向上的距离差值；而Y值则是在水平上的距离差值。所以，当我们改变XYZ的值的时候，从起点到P1画出来的弧线就发生了改变。为了便于理解和操作，在案例中我们只进行半圆形的飞行，所以我们可以简单地把P1的XYZ值称为从起点到凸出点的半径。

5 现在你理解曲线飞行的第一个坐标P1的含义了吗？P2的原理和P1一样，那就不再重复了。假设现在想让无人机飞一个半径为60厘米的半圆形曲线，你知道程序语句该怎么写了吗？没错，这个半圆形的曲线的"中点"在当前位置在左前方60厘米，曲线的"终点"和当前位置相比，则是在左边120厘米的位置，参数设置如图1-5-5。

图1-5-5 半圆的曲线飞行指令

6 现在，让无人机绕着我们画一个圆吧（见图1-5-6）！想想圆和半圆的关系，相信你一定知道完整的程序怎么写啦！

图1-5-6 圆的曲线飞行指令

4.我们学到了

在这个案例中,大家学习了"曲线飞行P1 X( )Y( )Z( )P2 X( )Y( )Z( )"的飞行指令,把RoboMaster TT的飞行路径从一条直线弯曲成了一条曲线。要注意的是,"曲线飞行"和"前往XYZ"两条指令中的X和Y值分别表示纵深和左右,千万不要弄反了哦!

扫码查看
完整编程
视频

(1)我成功地让RoboMaster TT按照圆形轨迹飞行啦!

☆ ☆ ☆ ☆ ☆

(2)凭借着对"曲线飞行"指令的了解,我能让无人机画出一段 $\frac{1}{4}$ 的圆弧来!

☆ ☆ ☆ ☆ ☆

这段 $\frac{1}{4}$ 圆弧的程序语句应该是:

如果在操作中遇到了问题，不要着急，看看下面的Q&A中有没有解决方案！

Q1：为什么RoboMaster TT不能曲线飞行，在悬停一段时间之后就自动降落了呢？

A1：当RoboMaster TT的电量低于50%之后，它就不能再进行曲线飞行啦！

Q2：为什么RoboMaster TT的曲线飞行轨迹和我规划的不一致？

A2：首先请检查曲线飞行指令中的P1点和P2点的XYZ值；在XYZ值都正确的前提下，请检查RoboMaster TT的机头所朝方向，P1点和P2点的XYZ值都是根据机头的朝向确定的。

六、认识函数

1.开始学习

经过前面案例的学习,大家已经基本掌握了RoboMaster TT的各项飞行控制语句,相信无论是在平面上的飞行,还是在三维空间中的飞行,都难不倒大家了吧？真是可喜可贺的进步！

在这个案例中,大家将要从编程逻辑的角度重新认识无人机控制:在一些复杂线路的飞行中,如果大家还是一步一步地编写无人机的行动顺序,那么很快屏幕上就放不下大家的程序啦！为了尽可能高效地利用程序中的一些语句,大家可以使用函数的方式对无人机的飞行进行控制。

2.我们的目标

在这个案例中,大家要让RoboMaster TT画三个连在一起的矩形,就像图1-6-1一样。虽然之前大家已经让RoboMaster TT按照矩形的形状飞行过了,但是这次不是简单的矩形哦！三个矩形的每条边无人机都要飞过,对RoboMaster TT的转向要求可是有点高哦！而且,在这个过程中,还要尽量重复利用已经写过的语句,难度可不一般！为了实现这个最终目标,我们需要完成几个阶段性的小目标:

(1)根据路线图简单拆分飞行路线;

(2)认识函数的概念和使用函数的意义;

(3)能够根据需要把重复的程序语句写入语句当中;

扫码查看
飞行效果

(4)使用Tello EDU编写程序。

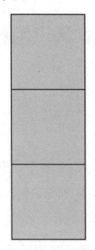

图1-6-1　飞行路线图

3.我们怎么做

1 大家应该都还记得在前面的案例中,曾经学习过让RoboMaster TT按照矩形轨迹进行飞行,还记得流程吗?(见图1-6-2)。按照这个案例的参数,对数字进行修改。

图1-6-2　矩形飞行程序

简单来说,让RoboMaster TT按照矩形飞行的流程其实就是不断地重复"前进"—"右偏航"的过程。

2 回到今天的任务当中来,大家一起来分析这个"矩形飞行"的任务。首先需要规划一下路线,怎么样的路线才能画出前面这个矩形呢? 事实上,有很多方式可以飞出这个矩形,本书将按照图1-6-3所规划的飞行路径进行演示。图片中的数字表示的是RoboMaster TT第几次经过这条线,因为在图片所规划的飞行路线中,RoboMaster TT会不止一次经过同一条路径。1表示第一经次过这条线的时候RoboMaster TT画上面的正方形;2表示RoboMaster TT第二次经过这条线的时候画下面的正方形。

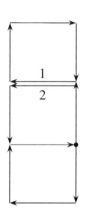

图1-6-3 详细飞行路线图

3 接下来让我们用语言描述一下RoboMaster TT的飞行路线:起飞—前—左—前—右—前—右—前—右—前—右—前—左—前—左—前—右—前—右—前—降落。这样的程序在Tello EDU中的写法应该是怎样的? 想一想,参考图1-6-4和图1-6-5。

图1-6-4　程序段1　　　　　　　图1-6-5　程序段2

4　事实上,RoboMaster TT这个时候已经能够按照图中画的矩形轨迹进行飞行了,但是大家有没有觉得这里的程序语句实在是太多了呢? 而且,其中很多的部分都是重复的,比如前进—左转、前进—右转。我们能不能把这些重复的部分利用起来呢? 这样,每次我们想要写"前进—左转"的时候只要使用一个通用的模块就可以达到目的,这样不光程序看起来简洁明了,而且在App上占据的空间也变少了。

5　在Tello EDU中,有一个模块叫作"函数",就是用来实现重复利用语句的。首先大家要明白,函数指的是一段放在一起的、可以完成某一件事的程序。在Tello EDU左边的逻辑积木中可以找到"函数积木"模块(见图1-6-6、图1-6-7)。

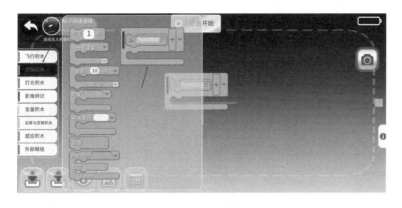

图1-6-6 函数积木1

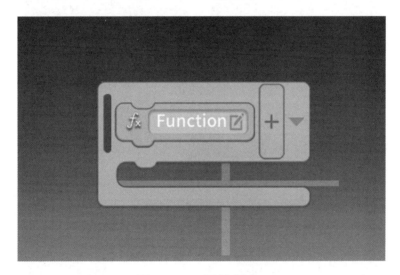

图1-6-7 函数积木2

6 现在我们知道了函数是什么,但是函数应该怎么使用呢?其实并不难,函数是一段能完成某一件事的程序,大家在使用函数的时候,分两步进行就可以啦!以案例中的矩形飞行轨迹为例,因为程序中出现了大量重复的"前进—左转"和"前进—右转",所以大家可以把这两个动作分别写成函数。

7 使用函数的第一步,是要先定义函数。所谓定义函数,就是给它"起个名字",方便大家后续使用它,然后再给这个函数赋予任务,表示当大家使用这个函数的时候希望无人机进行什么动作。例如案例中的"前进—左转",可以先给它起个名字,叫作"left",然后在函数的语句中加上"前进"和"左转"的语句(见图1-6-8);"前进—右转"也起个名字,叫作"right"(见图1-6-9)。

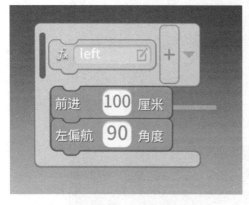

图1-6-8　左转函数

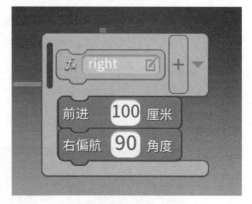

图1-6-9　右转函数

8　函数只是定义好却不使用的话,是无法发挥作用的,所以使用函数的第二步就是调用函数。那怎么调用函数呢?很简单,只要把函数框体里面有名字的部分拖动到外面来就可以啦(见图1-6-10)!

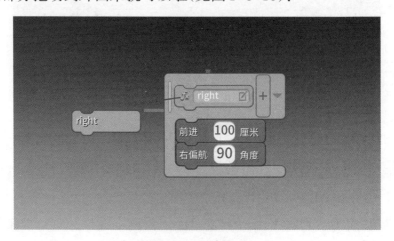

图1-6-10　调用函数

拖动出来的"right"积木块,能让无人机先前进再右转!

9 根据前面的飞行路线图,大家再简单地梳理一下飞行路线:起飞—前左—前右—前右—前右—前右—前左—前左—前右—前右—前进—降落。按照这样的飞行路线,再加上刚才学习的函数的知识,你能够使用函数把飞行路线的程序进行优化了吗?(见图1-6-11)

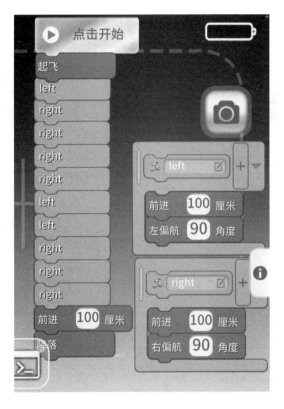

图1-6-11 使用了函数的程序

现在,你对函数的理解有更进一步了吗?

4.我们学到了

在这个案例中,大家学习了"函数"的指令。在函数的学习中,同学们要注意几点:(1)函数的主要功能是方便重复利用语句;(2)函数要先包裹在函数积

木当中,然后才能拖动出来调用哦! 结合这个案例的学习,给自己的表现打个
分吧!

(1)我成功地编写了函数,并且让RoboMaster TT按照函数中
的语句进行飞行啦!

扫码查看
完整编程
视频

☆ ☆ ☆ ☆ ☆

(2)如下图所示是某位同学写的函数:

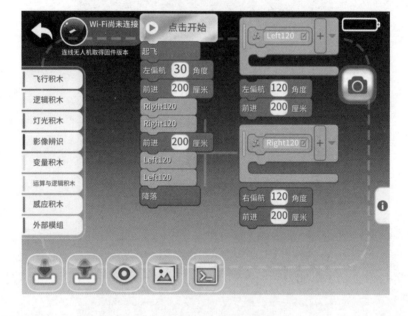

①运行之后,RoboMaster TT总是不按预定轨迹飞行,你能不能帮这位同
学找一找问题出在哪里呢?

_____

_____

_____

_____

_____

_____

②你能不能画出函数定义正常的情况下RoboMaster TT飞行的形状？

　　如果在操作中遇到了问题,不要着急,看看下面的Q&A中有没有解决方案!

　　Q1:为什么有时候拖动出来的积木不能吸附到之前写的程序中呢?

　　A1:首先,检查拖动出来的积木是不是可以吸附的:有些积木只能被包含,它们的特征是整个积木都是圆形的。其次,如果确定积木是可以被吸附的类型,请返回主界面,重新进入积木编程界面重写程序即可。

　　Q2:函数的作用只是把某一段语句重复利用吗?

　　A2:事实上函数的作用不只是重复利用某一段语句,其他作用在后续的案例中也会有所体现。如果对函数比较感兴趣,可以通过网络搜索、阅读书籍等方法深入研究。

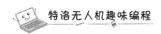

七、拍照录影

1.开始学习

经过之前案例的学习,大家基本上已经掌握了RoboMaster TT的各项飞行控制语句,并能使用函数来简化语句。但只是控制RoboMaster TT的飞行是不能将它的功能完全发挥出来的。众所周知,在这次新冠肺炎疫情中,无人机在公共安全、交通和医疗领域可谓出尽了风头。在特殊地点,我们看到了无人机巡逻,保证公共安全;村里村外,我们听到了无人机喊话,宣传防疫。公安部门能进行空中喊话、地面巡警巡防巡控,全方位提高群众对于新冠肺炎疫情防控知识的知晓程度,是因为无人机的强大功能——拍照录影功能。在学习本案例的过程中,大家可以通过RoboMaster TT的拍照录影功能来拍摄不同角度的、绝美的照片哦!

2.我们的目标

在之前的案例中,大家已经可以控制RoboMaster TT按照各种形状飞行了。我们会按照矩形来飞行,那大家能举一反三,尝试按三角形的轨迹飞行吗(见图1-7-1)? 在本案例中,大家要控制无人机完成三角飞行、定点拍照和全程录影任务。

为了实现这个最终目标,需要完成几个阶段性的小目标:

(1)根据路线图简单拆分飞行路线;

(2)能够根据要求调用拍照和录影程序语句;

扫码查看
飞行效果

（3）使用Tello Edu编写程序。

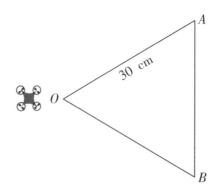

图1-7-1　案例飞行路线

3.我们怎么做

1　大家应该都还记得在前面的案例中，RoboMaster TT曾经依次飞行过三个矩形的每条边。在编写程序的过程中，大家通过使用函数来简化不断重复的飞行过程。看看图1-7-2，回顾一下当时大家编写的程序。

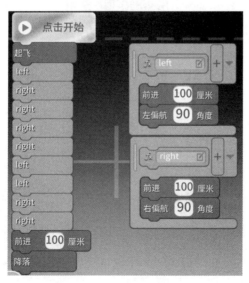

图1-7-2　函数程序段

2 在本次的学习中,大家要尝试在一段飞行过程中进行拍照或录像。大家可以将今天的"拍照录像"任务拆分成两个小任务,即指定地点拍照(见图1-7-3)和指定飞行过程录像(见图1-7-4)。

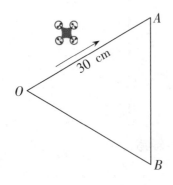 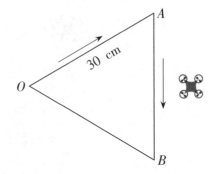

图1-7-3　拍照任务　　　　　　　图1-7-4　录像任务

3 为了让RoboMaster TT能够开启照相录影功能,需要先点击屏幕右侧的"相机"按钮(点击之后需要稍等一段时间),如图1-7-5所示。

图1-7-5　开启"相机"按钮

4 当"相机"按钮变为绿色,屏幕背景变为RoboMaster TT摄像头拍摄画面时,则表示RoboMaster TT已经开启了相机功能(见图1-7-6),此时可以开始调用相机相关语句进行程序的编写。

图1-7-6 相机开启成功界面

5 任务一:指定地点拍照。首先,根据大家之前所学过的矩形飞行轨迹(还记得吗?),大家可以控制无人机通过"偏航""前进"飞至A点。那如何让RoboMaster TT在A点拍摄照片呢?其实,我们可以使用"拍照""录影"语句,让无人机在A点拍摄一张照片。大家可以在"飞行积木"模块中找到"拍照""录影"语句,此时这些语句的右下角没有红色的"×"(见图1-7-7)。

图1-7-7 拍照、录影等积木

6 那么,任务一的流程就是无人机先从 O 点飞至 A 点,拍照后返回 O 点。无人机的飞行路线就是:起飞—右偏航—前进—拍照—右偏航—前进—降落回 A 点。这样的程序在 Tello EDU 中是怎么写的呢?可以看看图1-7-8,参考一下。

图1-7-8 拍照任务程序

7 任务二:指定飞行过程录像。任务二的流程就是无人机需要录制从 O 到 A 到 B 到 O 飞行的整个过程,那么无人机的飞行路线就是:开始录影—起飞—右偏航—前进—右偏航—前进—右偏航—前进—降落—停止录影。尝试在 Tello EDU 中编写这个飞行语句吧!(见图1-7-9)

图1-7-9 任务二程序段

8 根据以上的学习，大家可以发现，在Tello EDU中的"拍照"和"录像"语句只要被调用就能分别实现拍照或录像的功能了！那大家能否尝试将拍照和录像功能结合起来使用呢？通过编写程序，实现无人机从O点出发，录制飞行O—A—B—O的整个过程，并且分别在A点和B点各拍摄一张照片。来试试如何编写程序吧！

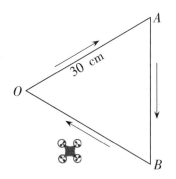

图1-7-10 完整飞行流程图

根据飞行路线图（见图1-7-10），大家来梳理一下无人机在完成拍照和录像的整个过程的飞行路线：开始录影—起飞—右偏航—前进—拍照—右偏航—前进—拍照—右偏航—前进—降落—停止录影。按照这样的飞行路线，能编写出程序了吗？（见图1-7-11）

图1-7-11 完整任务程序

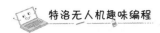

9 RoboMaster TT录影和拍照的视频以及照片都保存在移动设备的本地相册当中。

10 简单来说,让无人机进行拍照和录影,其实就是在原先学习的飞行轨迹语句中加入"拍照""录影"语句来实现拍照录影功能。

4.我们学到了

在这个案例中,大家学习了"拍照""录影"的指令,这两个指令赋予了RoboMaster TT全新的功能视角,让RoboMaster TT不仅是一个玩具,更是一个能够在生活中帮助你完成实际任务的工具。本案例的学习内容比较简单,根据学习的效果,给自己打分吧!

扫码查看
完整编程
视频

(1)我成功地编写了函数,并且让RoboMaster TT成功地拍下了照片!

☆ ☆ ☆ ☆ ☆

(2)我成功地编写了函数,并且让RoboMaster TT成功地拍下了飞行录像!

☆ ☆ ☆ ☆ ☆

如果在操作中遇到了问题,不要着急,看看下面的Q&A中有没有解决方案!

Q1:RoboMaster TT的摄像头是多少像素的?摄像功能如何?

A1:RoboMaster TT的摄像头是500万像素的;视频分辨率为720P,帧率为30Hz。

八、自定义点阵屏

1. 开始学习

在前面的案例中,大家一起学习了RoboMaster TT的基本操作指令,对于RoboMaster TT的飞行姿态指令、函数指令以及独特的拍照录像功能都有了一定的了解。在这个案例中,大家将会学习RoboMaster TT的扩展配件——点阵屏扩展模块的程序编写。通过Tello EDU软件的积木块,大家将能很容易地编写自己独有的点阵屏图案!

2. 我们的目标

在这个案例中,大家要学习点阵屏的三种展现方法,每一种方法都有不同的用途,案例最终的目标是要让无人机在每一段飞行动作前都用点阵屏显示将要运动的方向。通过对基础的图案显示方法的学习,希望书本前的你能够开动自己的脑筋,探索更多点阵屏的图案和用途! 为了达到最终的目标,我们还有几个阶段性的小目标:

(1)简单了解点阵屏的显示原理;

(2)在简单的飞行流程中使用点阵屏显示图案;

(3)在含有函数的复杂飞行流程中使用点阵屏显示图案。

扫码查看
飞行效果

3.我们怎么做

点阵屏的图案显示原理

1 RoboMaster TT的可编程点阵屏如图1-8-1所示,由一块8×8的正方形"格子"组成。当然,本书讲"点阵屏的图案显示原理"并不是从发光二极管开始讲硬件底层原理,而是讲如何通过8×8的点阵表示图案。

图1-8-1　RoboMaster TT的可编程点阵屏

2 事实上,用这块点阵屏显示图案的方法非常简单:通过控制不同格子的亮暗,使得亮的部分成为一个图形(或者暗的部分)。就像图1-8-2中显示的一样,让按照"Z"字形排列的一些格子变成红色,通过红色和白色的对比,就显示出了字母"Z"。

图1-8-2　显示"Z"的可编程点阵屏

3　在RoboMaster TT的可编程点阵屏上一共有64个格子,这64个格子决定了整块点阵屏的大小。现在如果我们保持每个格子的边长不变,把格子数从8×8变成20×20,点阵屏会发生什么变化？没错,点阵屏的大小就会相应变大,可供显示的区域就会变多。

点阵屏的初步尝试

1　简单了解了点阵屏的图案显示原理之后,大家自然是摩拳擦掌,迫不及待地想要在RoboMaster TT中尝试控制这个点阵屏了吧！那就让我们赶快开始。首先打开Tello EDU软件,在积木编程模式的界面左边,找到"外部模组"（见图1-8-3）。

图1-8-3　"外部模组"积木

2 在"外部模组"中，大家可以看到"显示图案""显示图案 方向 速度"
"设定起始图案""清除起始图案""显示文字""显示文字 方向 速度 文字"等
几个积木，这几个积木就是用来控制点阵屏显示的积木啦！为了保证学习的
连贯性，建议大家按照本书给出的流程逐步使用这几个积木。

首先尝试使用一下"设定起始图案"。"设定起始图案"的功能是当无人机
起飞之后使点阵屏显示某一个自定义的图案。把"设定起始图案"拖动到代码
区（见图1-8-4）。

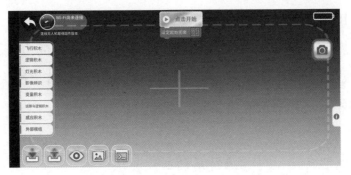

图1-8-4 设定起始图案积木

3 可是现在起始图案是空白的呀！要怎么进行修改呢？不用着急，触
摸积木最后的点阵屏图案（见图1-8-5）。

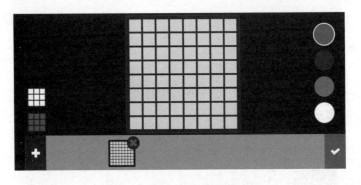

图1-8-5 修改图案界面

4 这个界面的中心，就是点阵屏的示意图，大家可以用手指在上面画

出自己想要的图案。右边有4个不同颜色的圆,它们表示点阵屏上显示的点的不同颜色——可以是红色、蓝色、紫色的任何一种。你甚至还可以使用不同的颜色进行组合!

本书设定起始图案"OK"(见图1-8-6),用来表示无人机已经起飞,大家可以根据自己的喜好进行修改。

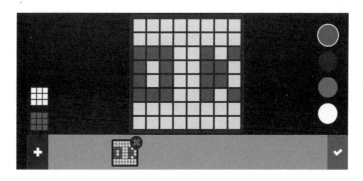

图1-8-6 "OK"字样

5 设定完成之后,在屏幕的右下角点击"√"就可以保存这个图案啦!(见图1-8-7)

图1-8-7 修改好起始图案

6 为了让显示出来的图案具有意义,可以在设定起始图案之前让无人机起飞,这样当点阵屏显示"OK"的时候,就表明无人机已经起飞啦! 有起飞,就要有降落哦,千万别忘记!(起降流程编写见图1-8-8)

图 1-8-8　完整的起降流程

将移动设备（手机或平板）连接到 RoboMaster TT 的无线 Wi-Fi 上，点击开始，看看你的点阵屏是不是在起飞之后显示 "OK"？

点阵屏的
初步尝试
编程视频

简单飞行流程的点阵屏方向指示

1　如果只是让点阵屏随意地显示一些图案，那么点阵屏的意义就不是很大啦！所以我们需要探索更多的使用点阵屏的场景。本书为大家提供了一种有意义的使用点阵屏的方法：用点阵屏显示无人机接下来的飞行方向（见图 1-8-9）。

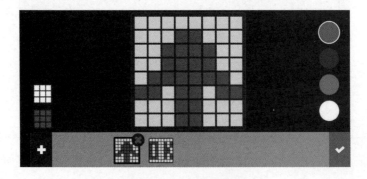

图 1-8-9　方向箭头

2 常用的无人机飞行方向一共有4个，分别是上下左右。我们首先设置好让无人机往上、下、左、右4个方向各飞100厘米的飞行任务（见图1-8-10）。

图1-8-10 程序段1

3 以第一个上升为例，既然希望点阵屏显示无人机接下来的飞行方向，就应该先显示方向，再进行飞行动作，所以可以使用"显示图案"积木，并且把它放在"上升100厘米"积木的上方（见图1-8-11）。

图1-8-11 加入"显示图案"积木

4 在"显示图案"积木的后方发现了熟悉的点阵屏图形，赶紧点进去，在点阵屏上画一个"↑"的图案吧（见图1-8-12）！

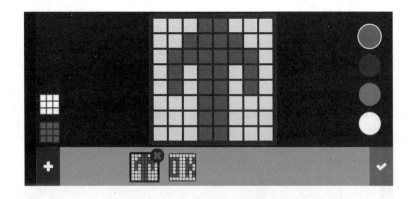

图1-8-12　新增"↑"图案

5 完成之后，同样点击界面右下角的红色"√"保存图案（见图1-8-13）。

图1-8-13　修改好的程序段

6 按照同样的方法，把剩下的几个方向也一起画好吧（见图1-8-14）！注意：点阵屏的安装方向是点阵屏和RoboMaster TT的头部一致，这也就意味着，当你从正面看向点阵屏的时候，点阵屏显示的"←"实际上是表示RoboMaster TT在进行向右侧飞的动作哦！

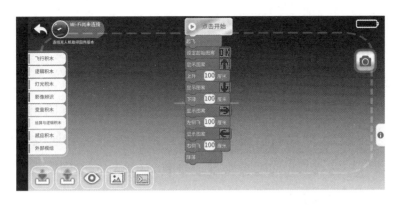

图1-8-14 完整的简单飞行指示程序段

7 此时,就已经完成了利用点阵屏显示RoboMaster TT飞行方向的任务啦!做事要有头有尾,在RoboMaster TT起飞的时候点阵屏显示了图案,飞行时也有了图案,那么降落之前是不是也应该加上一个指示图案呢?在这里,可以使用另一个控制点阵屏显示的积木"显示文字 方向 速度 文字"。

图1-8-15 "显示文字 方向 速度 文字"积木

8 因为RoboMaster TT的点阵屏只有64个格子的显示区域,所以当我们想要显示比较多的内容的时候,点阵屏一次性放不下,那么就可以使用这个语句,让想要显示的内容在点阵屏上进行滚动,滚动起来之后,就能显示超过一个点阵屏大小的内容啦!

积木中的"显示文字"则是对点阵屏图案的一种快捷的修改方法,当我们想要显示的内容是一串文字时,只要使用这个积木,就可以免去手动在点阵屏中"画"出这个文字的过程。

积木中的"方向",指的是超出屏幕大小的内容从什么方向出现,可以从上下左右4个方向进行滚动;而"速度"则是指点阵屏滚动的速度,这个数值越大,滚动的速度越快,就越能快速地看到后面的内容,不过相应地,已经在点阵屏上显示的内容显示的时间就会缩短。

9 在这个案例中,我们想让RoboMaster TT在降落之前向大家打个招呼,说一声"Bye!",可以让它从右往左用2.5的速度滚动。首先把这块积木拖动到编程区域,点击方向后面的"↑"箭头(见图1-8-16)。

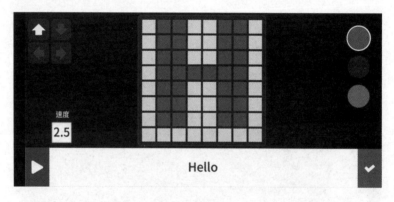

图1-8-16 "显示文字 方向 速度 文字"积木修改界面

10 在界面的左上角,可以修改文字滚动的方向,黄色的箭头表示当前的滚动方向,界面的左下角有一个紫色的三角形,点击这个三角形的按钮,就可以在中间的点阵屏界面播放当前设定的滚动效果;中间的"Hello"文字可以点击修改;右下角的红色"√"当然还是保存的意思。这里按照要求,设置滚动方向向左,速度不变,文字修改为"Bye!"(如图1-8-17)。

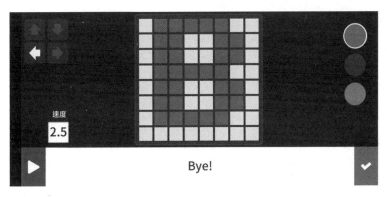

图1-8-17 修改完成的"显示文字 方向 速度 文字"积木

11 点击保存之后,语句的内容就已经修改好啦!把它放到"降落"指令之前(见图1-8-18)。最后再检查一遍各个积木块是不是都"粘"在一起啦!

图1-8-18 最终的飞行程序

12 还等什么?将移动设备连接到RoboMaster TT的无线Wi-Fi上,点击开始,看看点阵屏到底有没有按照你的想法,指示出无人机的飞行方向、向你说"Bye!"啦!

自定义点阵屏的简单飞行逻辑编程视频

复杂飞行流程的点阵屏方向指示

1 通过前一个阶段的学习,大家已经初步地尝试了如何调用外部模块

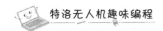

修改 RoboMaster TT 的可编程点阵屏。但在前一个阶段的任务中，调用点阵屏的时机都是固定的，即在每个固定飞行动作之前。

2   回忆一下在第4个案例中学习的函数，在函数的学习中，大家让 RoboMaster TT 按照三个矩形的边线进行了飞行。为了飞出这样的路线来，一开始大家使用了每一条语句都单独写出来的方法。后来为了重复利用一些语句，大家学会了使用"函数"的方式对程序进行了优化。

3   如果现在我们想让 RoboMaster TT 在这个飞行路线的图中，也让点阵屏指示出飞行方向来，可以实现吗？ 使用第一种单独写出每一条语句的方法的话，肯定是没有问题的，因为这样就和上一个阶段学习的简单飞行路线时的做法一样啦！ 那么如果是用函数的方式呢？

聪明的你肯定马上就想到啦！

图 1-8-19   加上点阵屏的程序实现

4   没错，图 1-8-19 的方法就可以实现这个新的想法啦！ 但是还有一个问题：之所以要使用函数，是因为要重复利用程序语句，可是显然"显示图案"的积木也重复使用啦！

要怎么做呢？ 相信举一反三对你来说一定不是一件难事（见图 1-8-20）！

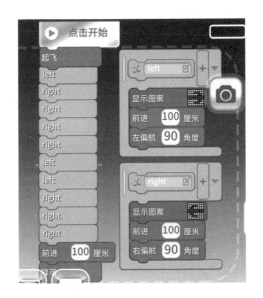

自定义点阵屏的复杂飞行逻辑编程视频

图1-8-20　包裹了点阵屏的函数

5　事实上,这个阶段的练习,主要目的是告诉各位同学,点阵屏程序的编写方法其实和其他的积木是一样的,这些积木同样可以放在函数、条件判断等语句当中,根据实际情况设置显示与否。

4.我们学到了

在这个案例中,大家了解了RoboMaster TT的可编程点阵屏的各个积木,并且通过一个小任务,对点阵屏的积木有了更深的认识。接下来给自己在这个案例中的表现打个分吧!

(1)我成功地编写了程序,并且让点阵屏按照程序中的语句指示飞行方向啦!

☆ ☆ ☆ ☆ ☆

(2)在RoboMaster TT的点阵屏中,保持每个格子的边长不变,把格子数从8×8变成20×20,那么点阵屏的整体大小就会变大,可显示区域会变大。如

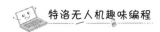

果保持点阵屏的整体大小不变,把格子数从8×8变成20×20,会发生什么事情呢?

(3)在这个案例中,对点阵屏的文字、图案等内容进行了修改,但是其实点阵屏的显示颜色也是可以修改的,你能否把红色的方向箭头改成蓝色的呢?

如果在操作中遇到了问题,不要着急,看看下面的Q&A中有没有解决方案!

Q1:如果在设计图案的时候不小心点到了不想点到的地方,怎么擦除不需要的地方呢?

A1:在设计图案的界面右边有4种颜色,点选白色,然后擦除不需要的地方即可。

九、障碍飞行赛

1.开始学习

通过几个案例的学习,对于 RoboMaster TT 的编程控制,相信你已经渐入佳境了吧!但是仔细回想一下,虽然通过数个案例,大家分别尝试了不同的无人机控制语句,但是对于这些语句的综合运用,大家可能还缺乏练习。在这个案例中,大家将通过一次障碍飞行赛,综合运用之前学会的无人机控制语句,实现一次完整的无人机避障飞行。

2.我们的目标

这个案例的最终目标,是希望大家能够根据一张给定的地图,规划好飞行路径,在飞行过程中灵活地运用之前学习的各种飞行语句进行避障飞行。通过这次避障飞行,相信离开本书给定的地图,书本前的你也能根据其他的地图独自设定无人机飞行路线啦!为了完整地完成避障飞行的任务,大家将要完成以下几个阶段性的小目标:

(1)理解障碍飞行赛的规则,并根据地图规划飞行路线;

(2)完成第一阶段的无人机飞行路线的编程任务;

(3)完成第二阶段的无人机飞行路线的编程任务;

(4)完成第三阶段的无人机飞行路线的编程任务。

扫码查看
飞行效果

3.我们怎么做

规则介绍及路径规划

1 首先请同学们看一下这次飞行任务的地图(见图1-9-1)。从地图上可以看出,从起飞区出来之后,首先要往下方飞,经过两个环形区域,然后继续往前,地图上有两个小圆,表示两根竖杆,RoboMaster TT需要穿过这两个竖杆中的空间(无须环绕飞行),然后转向飞行一段距离之后遇到低位横杆,RoboMaster TT需要降低高度通过低位横杆,通过低位横杆之后继续往前,遇到高位横杆,RoboMaster TT需要提高飞行高度通过高位横杆,飞过高位横杆之后RoboMaster TT继续向前,回到起飞区降落即可。注意,为了降低障碍飞行赛的难度,除了环形区域之外,可以把地图上的路线视为直线。飞行赛地形指示图如图1-9-2所示。

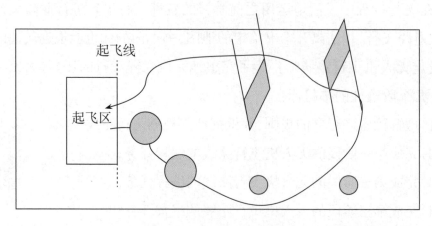

图1-9-1 障碍飞行赛地图

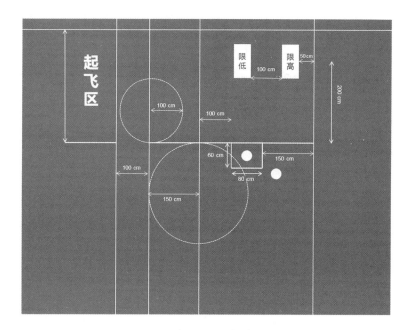

图1-9-2　障碍飞行赛地形指示图

2 要向各位同学介绍一下障碍飞行赛的基本规则。预先通过编程调试好RoboMaster TT,在指定地点启动编程程序起飞。RoboMaster TT起飞后,按照地图标定的路线进行飞行,先后通过环形区域、绕过障碍物、飞过低位横杆、飞过高位横杆、降落到起飞线,而后结束。

计分方式:

任务分:起飞10分,绕过第一个圈得10分,绕过第二个圈得10分,绕过竖杆得20分,飞过低位横杆得20分,飞过高位横杆得20分,降落到起飞线后方得10分,共计100分。

时间分:起飞开始计时,每秒1分,落地计时结束。

总分=任务分-时间分。

3 根据地图和地形指示图,接下来就可以按照地图进行路线的规划啦!从地图上看,无人机起飞之后先直线飞行,飞行一米之后开始进行第一次绕圈飞行;第一次绕圈飞行之后继续往前并转向,短暂直行之后进行第二次绕圈飞行;绕圈飞行完之后继续直行,后续沿"凹"字形路线避开竖杆,避开竖杆后短暂直行之后左转,然后直行再左转;降低高度准备通过低位横杆,通过低位横杆之后直行并提升高度,准备通过高位横杆;通过高位横杆之后只需要继续直行一段距离就可以回到起飞区,用流程图表示如图1-9-3所示。

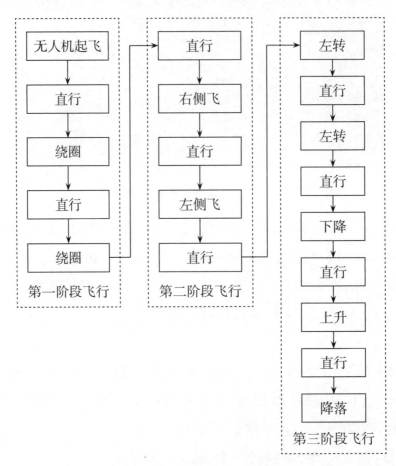

图1-9-3 障碍飞行赛流程图

从流程图中可以看出,本案例中的飞行流程是比较复杂的,既有直线飞行又有曲线飞行,既有转向飞行又有侧向飞行,上升和下降也没有缺席。为了处理这个复杂的流程,书中将完整的飞行流程分为了三个阶段:第一个阶段从无人机起飞到两个绕圈结束;第二个阶段从直行开始到避障结束;第三个阶段从左转开始到无人机降落结束。完成这三个阶段之后,无人机就能完成整个障碍飞行比赛啦!

第一阶段飞行路线编程

1　按照图1-9-3中的流程,第一阶段的飞行路线主要包括起飞—直行—曲线飞行—直行—曲线飞行。首先让RoboMaster TT起飞(见图1-9-4)。

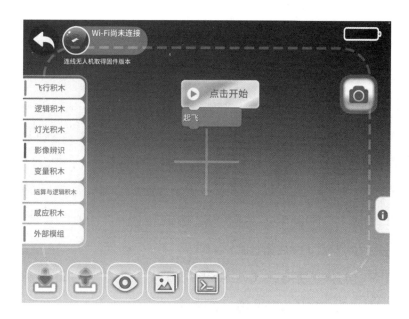

图1-9-4　第一阶段步骤1

2　起飞之后就按照预定路线向前飞行(见图1-9-5)。

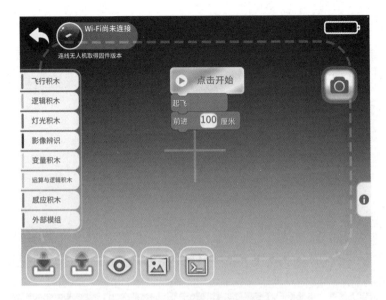

图1-9-5　起飞之后直行

3　接下来的步骤就是第一阶段中的难点——曲线飞行。首先回顾一下曲线飞行语句的使用方法,曲线飞行一共有两个点的位置需要输入,第一个是曲线飞行路径的中间点,第二个是曲线飞行的终点。因为我们不能一次性飞一个整圆,所以考虑先飞一个半圆。地形图中显示第一个圆的直径是2米,也就是说曲线飞行的半径应该设置成1米。按照曲线飞行语句的填写要求,第一个点在路线的中间,这个点的XYZ值就是$(100,100,0)$。那么终点呢?终点当然就是$(0,200,0)$啦(见图1-9-6)!

考考书本前的你,这是让RoboMaster TT先画上边半圆的参数,如果是先画下边半圆的话,两个点的XYZ值分别是多少呢?

4　画完了第一个半圆,就要准备画第二个半圆啦!第一个半圆画完,RoboMaster TT往前走了,这第二个半圆,自然是要往后飞回到最开始的位置啦!但是不是原路返回,第一个半圆从上边走,第二个半圆就要往下边走。所以在第二个半圆的语句中,第一个点的XYZ值就应该是$(-100,-100,0)$,第二个点的XYZ值则是(0,−200,0)(见图1-9-7)。

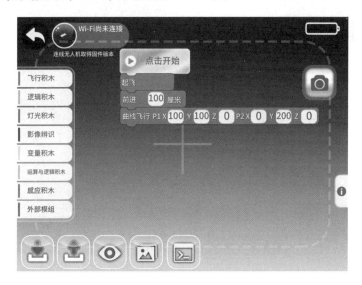

图1-9-6　第一个半圆的飞行参数

图1-9-7　第二个半圆的飞行参数

5　这样,第一次绕圈的飞行路线就完成啦(见图1-9-8)!接下来就应该让RoboMaster TT继续往前。

图1-9-8　第一个障碍结束

6　到达了第二次绕圈飞行的地点,查阅地形图,确定第二个圈的直径为3米,半径就是1.5米。刚复习过曲线飞行的你,能自己写出第二次绕圈飞行中第一个半圆的曲线飞行指令来吗(见图1-9-9)?

图1-9-9　第二次绕圈飞行的第一个半圆参数

7 再把第二个半圆也补上（见图1-9-10）。

图1-9-10　第二次绕圈飞行的第二个半圆参数

8 做到了这里，表扬一下自己吧！三个阶段中的第一个阶段已经完成，里面还用到了曲线飞行这样难度偏高的语句！你真棒！

第二阶段飞行路线编程

1 第二个阶段，主要是要通过"凹"字形的路线，避开竖杆。因为第一阶段结束，无人机刚好回到第二次绕圈的起点，所以第二阶段的第一步，RoboMaster TT要往前飞行一段距离（见图1-9-11）。

图 1-9-11　第二阶段开始

2　接下来要实现"凹"字形的路线,避开竖杆。实现"凹"字形的路线,有两种方式:一种是通过转向+直行的方式;另一种则是直接使用左侧飞和右侧飞指令。本书使用第二种方法。第一步是先右侧飞(见图1-9-12)。

图 1-9-12　"凹"字形路线的第一步

3 右侧飞完之后，"凹"字形的左边部分已经出现了，接下来继续直行（见图1-9-13）。

图1-9-13 "凹"字形路线的第二步

4 然后再使用左侧飞，这样就画出了"凹"字形的避障路线（见图1-9-14）。

图1-9-14 "凹"字形路线完成

5 为了和第三阶段的飞行路线连接起来,完成了"凹"字形的避障路线之后,可以让RoboMaster TT再按照既定路线完成前进的动作(见图1-9-15)。

图1-9-15 离开"凹"字形区域

第二阶段的飞行是不是非常简单? 如果把要求修改一下,不能使用左侧飞和右侧飞的语句,你能自己写出来吗? 你能用函数的方法尝试利用重复的语句吗?

第三阶段飞行路线编程

1 完成了"凹"字形的飞行路线之后,避障飞行赛的程序编写就快临近尾声了。在第三阶段开始,RoboMaster TT需要进行一次回环(见图1-9-16),因为最后要降落在起飞区。回忆一下第三阶段的流程,第一步就是让RoboMaster TT向左转。

图1-9-16　准备回头

2 左转完之后RoboMaster TT就应该准备直行再左转，这样就实现了无人机的回环。先直行（见图1-9-17）。

图1-9-17　左转之后直行

3 左转,开始准备通过最后一段路程(见图1-9-18)。

图1-9-18　再次左转,朝向终点

4 先直行到低位横杆之前(见图1-9-19)。

图1-9-19　直行

5 降低高度(见图1-9-20)。

图1-9-20　下降准备通过低位横杆

6 平稳直行通过低位横杆并到达高位横杆前(见图1-9-21)。

图1-9-21　通过低位横杆

7 提升高度(见图1-9-22)。

图1-9-22　提升高度准备通过高位横杆

8 直行通过高位横杆,直奔终点(见图1-9-23)。

图1-9-23　直行通过高位横杆

9 平稳降落（见图1-9-24）！恭喜你！

图 1-9-24　完整程序段

10 至此，完整的三个阶段路线编程已经完成啦！赶紧让RoboMaster TT 开机，让你的移动设备连接到RoboMaster TT的Wi-Fi上，点击开始吧！让我们来比一比谁的分数更高！

小提示：当前的整体程序具有较大的优化空间，可以通过多种方式优化、调整程序语句，以实现提高分数的效果哦！

4.我们学到了

在这个案例中，大家根据一张地图进行了一次障碍飞行赛，通过流程图的方式规划了详细的飞行路线，将完整的障碍路线划分成了三段并分阶段进行了程序编写，在整个过程中综合运用学到的各种RoboMaster TT的控制语句。完成了这个案例，说明你在RoboMaster TT的控制上功力已经日渐深厚啦！表扬一下自己

扫码查看
完整编程
视频

吧！根据案例的实现情况,给自己打个分吧!

(1)我成功地编写了程序,并且让RoboMaster TT按照飞行路线成功进行了避障飞行!

☆ ☆ ☆ ☆ ☆

(2)在案例中,对于"凹"字形路线,本书选择了"侧向飞行"的语句,如果想要使用"转向+前进"的方法实现,程序应该是什么样的呢?

(3)在案例中,并没有结合点阵屏进行同步方向显示,你能否在程序中加上相关内容,使点阵屏显示RoboMaster TT接下来的飞行方向?

如果在操作中遇到了问题,不要着急,看看下面的Q&A中有没有解决方案!

Q1:为什么RoboMaster TT不能进行曲线飞行,在悬停一段时间之后就自动降落了呢?

A1：当RoboMaster TT的电量低于50%之后，它就不能再进行曲线飞行啦！

Q2：为什么RoboMaster TT的曲线飞行轨迹和我规划的不一致？

A2：首先请检查曲线飞行指令中的P1点和P2点的XYZ值；在XYZ值都正确的前提下，请检查RoboMaster TT的机头所朝的方向，P1点和P2点的XYZ值都是根据机头的朝向确定的。

十、无人机舞蹈

1.开始学习

本书中基础篇的第九、第十两个案例,是对使用Tello EDU 编写RoboMaster TT飞行程序语句的综合运用。在上一个案例中,大家通过一次障碍飞行赛,综合、全面地使用了各项RoboMaster TT 的飞行控制语句,如果书本前的你能够在合上本书、手上只有障碍飞行地图的情况下编写出一个完整的避障飞行程序来,那么说明使用Tello EDU编程操控RoboMaster TT对你来说已经是手到擒来的事情啦! 从这个案例开始,本书将会把重点放在程序逻辑的编写上。尽管基础篇的内容已经接近尾声,但是编程学习的大门才刚刚打开哦! 翻开本书的后半部分"进阶篇",相信你一定能够有更多的收获!

学习完本案例,你将在使用飞行控制语句的基础上,再次感受函数的功能和作用,甚至还能对函数有更深入的理解!

2.我们的目标

在这个案例中,最终的目标是要让RoboMaster TT在空中进行花式飞行,通过不同的飞行轨迹,让RoboMaster TT在空中表演出多种多样的特技来! 在本案例中,本书将会提供三个不同的图案作为示范,如果书本前的你有独特的想法,而且也愿意为了这个想法进行编程的话,鼓励你使用自己设计的图案作为最终的舞蹈动作! 为了达到最终的目标,我们还有几个阶段性的小目标:

(1)了解并尝试使用RoboMaster TT开源控制器上的LED灯;

（2）学会舞蹈动作设计与光效设计；

（3）分阶段实现不同的三套舞蹈动作；

（4）在实现飞行姿态的过程中使用函数；

（5）使用Tello EDU编写无人机飞行程序。

扫码查看
编程视频

3.我们怎么做

RoboMaster TT 的 LED 灯

 RoboMaster TT的LED灯位于开源控制器的顶部。这个白色的LED灯平时安静地躺在开源控制器的顶部,但是通过Tello EDU里面的程序语句的调用,它能够发出各种各样颜色的光来。

图1-10-1 RoboMaster TT的LED灯

因为LED灯的程序操控语句较为简单,因此本书中并没有把LED灯的编程教学单列为一个案例,但是在这个案例中,根据使用需求,大家也可以快速地在操作当中掌握LED灯控制语句。"灯光积木"界面如图1-10-2所示。

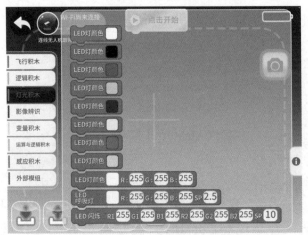

图1-10-2 "灯光积木"界面

2 虽然灯光积木中有许多的积木块,但是大部分都是为了便于大家设置简单的灯光效果而存在的。LED的控制语句一般有3种:设定LED灯颜色、设定LED呼吸灯、使LED灯交替闪烁不同颜色,分别对应了"LED灯颜色""LED呼吸灯"和"LED闪烁"。

图中的RGB是一种颜色标准,通过红(R)绿(G)蓝(B)三个颜色通道的变化以及它们之间的相互叠加来得到各式各样的颜色。简单来说,我们眼睛看到的各种各样的颜色,都可以转换为RGB三个颜色的相互叠加。

LED灯颜色R( )G( )B( ):这条语句可以根据空格中填入的值确定一个颜色,让LED灯显示这个颜色。

LED呼吸灯R( )G( )B( )SP( ):这条语句根据空格中填入的值确定一个颜色,让LED灯显示这个颜色,同时让LED灯按照SP后面空格中设定的频率(Hz)进行明暗交替。

LED闪烁R1( )G1( )B1( )R2( )G2( )B2( )SP( ):这条语句有2个RGB颜色的填写区域,表示让LED灯交替显示这两种颜色,同时让LED灯按照SP后面空格中设定的频率(Hz)进行交替闪烁。

3 在无人机舞蹈的过程中,加上灯光效果可以让舞蹈效果更加出色,这样就赋予了LED灯现实意义。那么所谓的灯光效果是怎么回事呢?

其实呀,当设定好一个颜色之后,RoboMaster TT会一直显示这个颜色,直到给它设定下一个颜色。这样一来,当无人机在进行某一个动作的时候,只要给它设定一个LED灯光效果,由于我们眼睛看到的颜色并不会马上消失,而是会暂留一小会儿,RoboMaster TT就能够在飞行的时候让颜色拖出一条线来。

舞蹈动作设计和灯效设计

1 现在,了解了灯光的使用方法和作用之后,就要开始设计无人机的飞行轨迹(舞蹈动作)啦!有独特想法的同学可以自己设计无人机的飞行轨迹(舞蹈动作),暂时没有想法或者想先进行一下练习的同学也可以采用本书提供的飞行轨迹案例。本书首先规划一个花朵形状的飞行轨迹如图1-10-3所示。

之前使用的曲线飞行都是在水平方向进行,这一次为了让无人机真的像"跳舞"一样,让这个花朵的形状"立起来"。

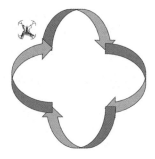

图1-10-3　花朵形舞蹈动作

2 接下来设计一下这个花朵造型的灯光效果。因为造型是花朵,虽然可以在不同的花瓣使用不同的颜色,但是花的每一瓣要是颜色都不一样的话,也太奇怪了吧!所以给它设定一个统一的红色吧:RGB(250,60,0)。当然,看到这个RGB值大家肯定不知道这到底是什么颜色,大家可以在设备上试一试。在这里本书给各位同学提供一个网址,大家可以在这个网页中找到各种颜色的RGB值(https://tool.oschina.net/commons?type=3)。

3 接下来设计第二个舞蹈动作。本书提供的第二个舞蹈动作是心形。为了降低这个动作的程序编写难度,设定该舞蹈动作"平"飞:RoboMaster TT一直保持同一个高度。如图1-10-4所示。

图1-10-4　心形舞蹈动作

4 爱心是什么颜色呢?当然是红色啦!聪明的你一定马上开始想:红色的RGB值是多少呢?首先回答大家的问题,红色的RGB值是(255,0,0)。但是程序中大家不需要再通过RGB值进行红色的设定,因为一些常见的颜色Tello EDU早已经帮大家设定好啦!可以直接使用"LED灯颜色:红色"的语句(见图1-10-5)!如果有的同学想要看看其他颜色的爱心,当然也可以使用RGB值进行设定。

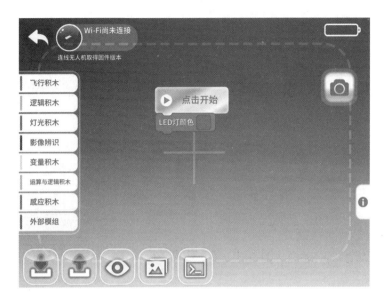

图1-10-5 "LED灯颜色"积木

5 最后一个舞蹈动作,本书提供范例是皇冠,象征着完成这个案例之后同学们的成就! 如图1-10-6所示。

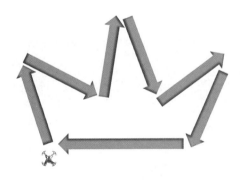

图1-10-6 皇冠形舞蹈动作

6 最后这个舞蹈动作,使用两个颜色相近的黄色进行交替闪烁,这样显示的皇冠更有动态感,使用的黄色的RGB值分别是:金黄色RGB(255,255,0);橘黄色RGB(255,165,0)。

7 最终,本书设计的无人机完整的舞蹈动作是花瓣形—心形—皇冠形(见图1-10-7)。书本前的你们可以根据自己的想法,设计三个分别独立的无人机舞蹈动作并为它们设计好光效。接下来大家就要开始在程序里面实现它们啦!

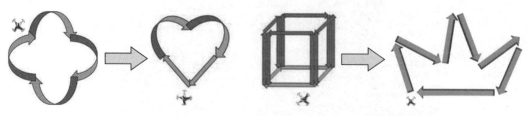

图1-10-7 完整飞行动作

花朵形舞蹈动作的编程实现

1 接下来首先完成第一个花朵形舞蹈动作。RoboMaster TT 不可能在地上跳舞,还是先让它起飞吧(见图1-10-8)!

图1-10-8 "起飞"

2 第二步应该让RoboMaster TT开始进行花朵形飞行了。还记得在花朵形的舞蹈飞行动作中,本书曾经规划了一个红色的LED光效吧!因为需要在整个花朵形的飞行路线中都显示这个LED光效,所以可以设定在进行舞蹈动作之前先让RoboMaster TT的LED灯亮起来!还记得灯光的颜色吗? RGB (250,60,0)(见图1-10-9)。

图1-10-9 设定一种灯光颜色

3 考虑到这次的花朵形的路线是"立"起来的,需要让RoboMaster TT在一个相对安全的高度开始进行跳舞,所以先升高RoboMaster TT的高度(见图1-10-10)。

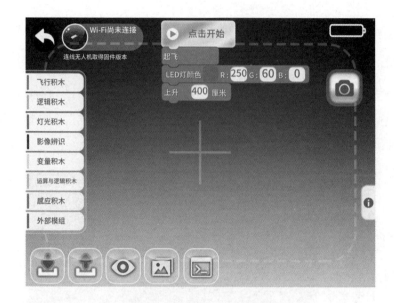

图1-10-10 提升高度

4 接下来就要准备进行花朵形的飞行啦！因为这次希望RoboMaster TT "站"着跳舞，所以也就意味着在曲线飞行的时候需要改变Z值来变化RoboMaster TT的高度。

首先回顾一下飞行的路线（见图1-10-11）。

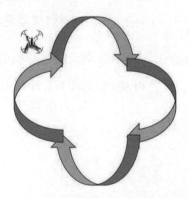

图1-10-11 花朵形飞行路线示意图

5 以图中无人机相对于花朵的位置为起点，首先，第一片花瓣的半径实际上就是要改变的高度,这个半径大家可以自己拟定,只要在0.5米~5米的范围内就可以了,本书就以1米为半径。从曲线飞行语句需要填写的内容来看,这次曲线飞行的方向要向右、向上。以1米为半径的话,曲线飞行语句的第一个点相对于起点来说:(1)向前了0厘米;(2)向右了100厘米;(3)向上了100厘米。而终点相对于起点来说则是:(1)向前了0厘米;(2)向右了200厘米;(3)向上了0厘米。所以这个曲线飞行的语句应该怎么写呢?(见图1-10-12)

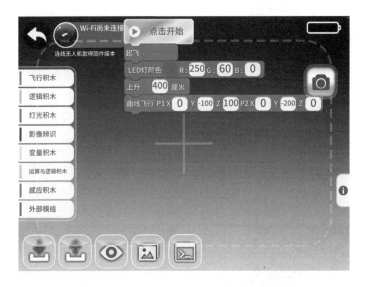

图1-10-12　第一个花瓣

6　就知道这难不倒聪明的你!那么接下来的第二段曲线是右边的花瓣啦!曲线飞行语句的第一个要填的点相对于起点来说:(1)向前了0厘米;(2)向右了100厘米;(3)向下了100厘米。曲线飞行的终点相对于起点来说:(1)向前了0厘米;(2)向右了0厘米;(3)向下了200厘米。参数设定见图1-10-13。

图1-10-13　第二瓣花瓣

7　下方的花瓣和上方的花瓣仅仅只在方向上发生了变化,原本向右飞的向左飞了,原本向上飞的向下飞了。根据这句话,你能直接写出下方花瓣的曲线飞行语句吗?(见图1-10-14)

图1-10-14　完整花瓣程序实现

8 　花朵形舞蹈的程序实现到这里已经结束了,但是在这个案例中还有一些步骤要完成。首先,从左边的逻辑积木中拖出一个函数积木来,把从LED灯闪烁到曲线飞行结束部分的所有程序都包在函数之内,并给函数起个名字"Flower"(见图1-10-15)。

小提示:当界面放不下内容的时候,点击函数积木右上角的倒三角可以把函数收起来,这样就空出很多位置来啦!

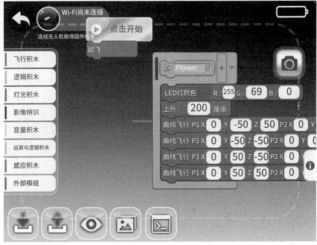

图1-10-15　使用"函数"

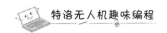

9　调用函数的方法大家都还记得吧？拖动"*fx* Flower"部分，让它接在"起飞"积木之后（见图1-10-16）。这样就完成了函数Flower的调用。

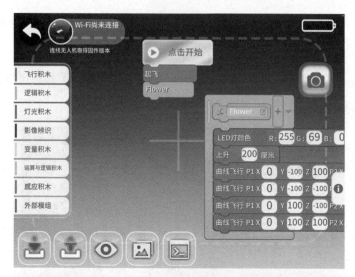

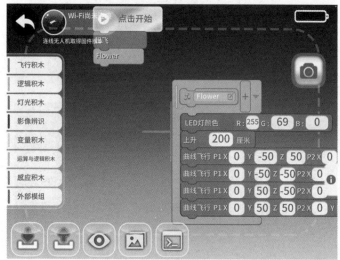

图1-10-16　调用花朵形飞行函数

10　这段程序里面好像没有可以重复利用的语句，为什么我们要使用函数呢？同学们可以先思考一下，在案例的最后我们再揭晓答案。

心形舞蹈动作的编程实现

1 通过前一个阶段的努力,大家已经完成了第一个舞蹈动作,按照之前的规划,接下来是心形舞蹈动作。因为第一个舞蹈动作完成之后,RoboMaster TT并没有降落,所以心形舞蹈动作开始时并不需要起飞。大家一起回顾一下心形舞蹈动作的示意图(见图1-10-17)。

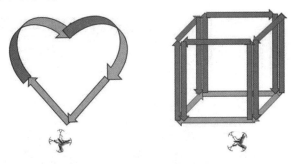

图1-10-17 心形舞蹈动作示意图

2 首先按照设计把灯光换成红色,使用积木"LED灯颜色:红色"(见图1-10-18)。

图1-10-18 心形灯光

3 根据示意图中的箭头指示,心形舞蹈动作应该先向左前方飞行一段距离,然后画两个半圆——这两个半圆和之前的舞蹈动作是不是很像呀?画完两个半圆之后再往左后方飞回来即可。拆解完飞行路线之后,就可以开始进行程序的编写啦!第一步是向左前方飞行。如何实现向左前方飞行呢?有两种实现方式:(1)使用"前往XYZ"积木;(2)使用左转+前进组合积木。本书将采用第二种实现方式。左转的角度建议为45°,学习过平面几何计算的同学,可以自行设定转向角度(见图1-10-19)。

图1-10-19　左转准备开始

4 左转之后直行,直行距离为200厘米(见图1-10-20)。

图 1-10-20　前进

5　注意,直行结束之后,RoboMaster TT 面向的是45°方向,所以无须再次转向,直接进行曲线飞行即可。这里涉及平面几何的计算,可能有些同学还没有学习到相关的知识,所以本书直接给出曲线飞行的 XYZ 值(前面的转向角度和直行距离设置需要和本书保持一致)。已经学习了相关知识的同学,可以自己画图进行计算。

曲线飞行的 XYZ 值为(100,-100,0)和(0,-200,0)(见图1-10-21)。

图 1-10-21　左半边的"心"

6 第一个半圆结束之后，RoboMaster TT 的朝向是北偏西45°（向左45°），如果此时保持该朝向继续进行曲线飞行，那么就需要重新计算第二个曲线飞行的XYZ值。为了简化计算过程，可以让RoboMaster TT转换朝向，朝向北偏东45°（向右45°），这样就不需要再次进行计算，直接使用上一个半圆的曲线飞行语句就可以啦！从北偏西45°转向北偏东45°中间需要经过多少角度呀？没错，就是90°（见图1-10-22）。

图1-10-22　右转准备画右半边的"心"

7 向右转弯90°之后，就可以使用第一个半圆的XYZ值飞第二个半圆啦（见图1-10-23）！

图1-10-23　画第二个半圆

8　飞完第二个半圆，RoboMaster TT朝向了北偏东45°。此时按照示意图要想再飞回最开始的起点，可以先转向，然后再直行。那么转向多少度呢？从示意图中可以看出，应该朝向西偏南45°直行。从北偏东45°转向西偏南45°需要转多少角度呢？聪明的你肯定一下就算出来啦！只要向右转180°就可以啦(见图1-10-24)！

图1-10-24　右转准备回到起点

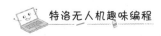

9 最后直行200厘米就能回到最开始的起点啦（见图1-10-25）！

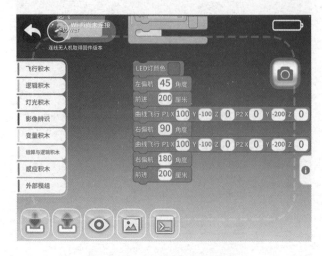

图1-10-25　直行回到原点

10 还有一步哦：向右转135°即可让RoboMaster TT转回到原来的朝向啦！这样才能方便下一个舞蹈动作的开始（见图1-10-26）。

图1-10-26　右转回到初始角度

11 和上一个舞蹈动作一样，同样从左边拖出一个函数积木来，把第二个舞蹈动作的程序放到函数当中，起名为"Heart"（见图1-10-27）。

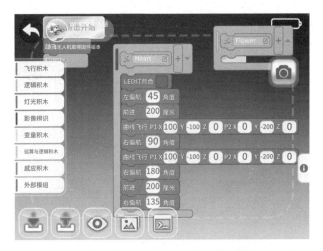

图1-10-27　用函数包裹"心形"程序

12 最后别忘记调用"Heart"函数哦(见图1-10-28)！

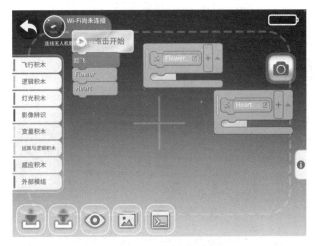

图1-10-28　调用"心形"函数

皇冠形舞蹈动作的编程实现

1 终于到了最后一个舞蹈动作啦！可喜可贺！接下来请大家再加一把劲,把最后一个皇冠形舞蹈动作完成！回顾一下皇冠形舞蹈动作的要求：

（1）和花朵形舞蹈动作相似，皇冠形舞蹈动作也要"立"起来；（2）过程当中使用闪烁的灯光；（3）保持皇冠形状的飞行路径。回顾一下皇冠图形的飞行路径（见图1-10-29）。从左下角开始，RoboMaster TT要先向左上飞行，然后往右下，右上，右下，右上，左下，左飞。

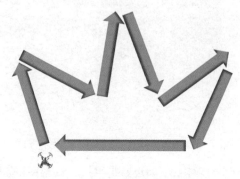

图1-10-29　皇冠形飞行路线

2　第一步当然是让LED灯光改变颜色啦！这次使用的是"LED闪烁"的积木，交替闪烁的颜色分别是：金黄色，RGB（255，255，0）；橘黄色，RGB（255，165，0）（见图1-10-30）。

图1-10-30　"LED闪烁"指令

3　第二步是往左上飞。因为是立起来的皇冠，所以RoboMaster TT不需要转向,直接使用"前往XYZ"积木就可以啦!由于涉及一定的几何知识,考虑到部分没有几何基础的同学,本书将不会涉及几何运算,直接给出样例,学有余力的同学可以在此基础上自己进行计算,更改皇冠的形状哦!这一步左上的XYZ值可以是:XYZ(0,30,40)。注意:单位均是厘米(见图1-10-31)。

图1-10-31　左上飞行

4　接下来是右下,XYZ值可以是:XYZ(0,-30,-30)(见图1-10-32)。

图1-10-32　右下飞行

5 皇冠左边的角已经画出来啦！加油！接下来是右上，XYZ值可以是：XYZ(0,-40,30)（见图1-10-33）。

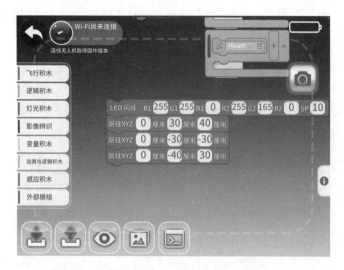

图1-10-33　右上飞行

6 中间角的最后一笔的XYZ值可以是：XYZ(0,-40,-30)（见图1-10-34）。

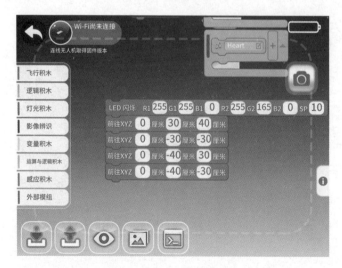

图1-10-34　右下飞行

7 接下来又是往右上，XYZ值可以是：XYZ（0，–30，30）（见图 1–10–35）。

图 1–10–35　右上飞行

8 右边角的最后一笔，XYZ值可以是：XYZ（0，30，–40）（见图 1–10–36）。

图 1–10–36　右边角的最后一笔

9 还有最后一步！把皇冠的底画出来！只需要让RoboMaster TT往左飞80厘米就可以啦（见图1-10-37）！

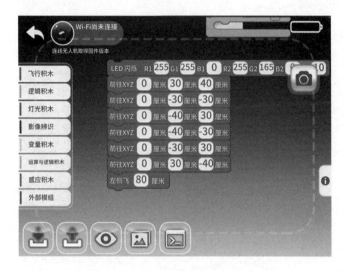

图1-10-37　最后封上皇冠的底

10 同样，用一个函数积木把上面写的内容包起来，起名为"Crown"（见图1-10-38）。

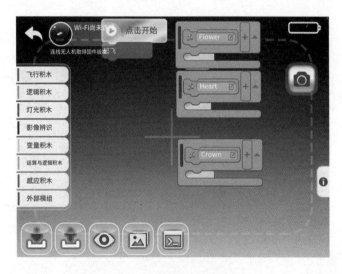

图1-10-38　用函数包裹程序段

11 同学们还记得在把花朵形舞蹈的内容包在函数里时提出的问题吗？既然没有可重复利用的语句，为什么要使用函数呢？到了揭晓答案的时候啦！虽然在编写"花朵""心形"和"皇冠"舞蹈时没有使用到重复的语句，但是它们自身是一个完整的动作，用函数包起来之后，当我们想要再次使用的时候，随时都可以通过函数的方法调用它，就不用重新写一遍啦！而且可以随时调用它。换句话来说，如果现在我想先做心形舞蹈动作后做花朵形舞蹈动作，用函数的方法就非常简单啦！这是第一个原因。

至于第二个原因，当然是Tello EDU的编程区域不够大，本案例中的程序语句加在一起，屏幕上已经放不下啦！用函数可以把动作的详细实现语句都"收纳"起来。

看，通过函数的方式，只要短短三个动作，通过改变排列顺序，我们就可以编排出这么多套舞蹈动作（见图1-10-39～图1-10-44）！

图1-10-39　第一种舞姿

图1-10-40　第二种舞姿

图1-10-41　第三种舞姿

图1-10-42　第四种舞姿

图1-10-43　第五种舞姿

图1-10-44　第六种舞姿

12 最后,选择一套舞蹈动作,别忘记加上降落,让RoboMaster TT舞动起来吧(见图1-10-45)!

图1-10-45　最终的无人机舞蹈程序

4.我们学到了

本案例是基础篇最后一个实际操作的案例,大家综合之前学过知识,对RoboMaster TT的花式飞行进行了完整的设计实现,如果有同学自己绘制了RoboMaster TT的舞蹈动作并且能够用程序进行实现,那么说明你已经能够把RoboMaster TT好好地运用在生活中啦!虽然看起来这些舞蹈动作没有什么实际意义,但是实际上这个案例中的各个舞蹈动作不光帮助大家回顾了学到的大部分RoboMaster TT的控制语句,还带领大家对函数这样的"非直接控制指令"有了新的认识,而这种"非直接控制指令"则是编程学习中非常重要的"计算思维"的实际体现。对于这些"非直接控制指令"的高度认识,从一个侧面体现出大家编程能力的精进!结合整个案例的完成过程,给自己的表现打个分吧!

扫码查看
完整编程
视频

(1)我成功地编写了函数,并且让RoboMaster TT按照设定好的舞蹈动作进行花式飞行啦!

☆ ☆ ☆ ☆ ☆

(2)如下图所示是某位同学编写的舞蹈动作的程序,你能不能根据程序内容画出这个舞蹈动作呢?

这个图形是:

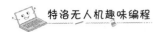

（3）能否请你独立设计一个花式飞行舞蹈动作，并把飞行图案和程序填在下面呢？

图案	程序

（4）在心形舞蹈动作的设计中，第一步中使用了"转向+直行"的方法，画第二个半圆的时候也先转向了90°，最后为了回到起点还进行了一次转向。如果现在需要整个过程中都不进行转向，你能不能改写一下这个程序呢？

如果在操作中遇到了问题,不要着急,看看下面的Q&A中有没有解决方案!

Q1:为什么有时候拖动出来的积木不能吸附到之前写的程序中呢?

A1:首先,检查拖动出来的积木是否是可以吸附的,圆形的积木只能被包含;其次,如果确定积木是可以被吸附的类型,请返回主界面,重新进入积木编程界面重写程序即可。

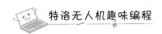

十一、RoboMaster TT扩展件简介

RoboMaster TT在Tello EDU的基础上,新增了3个扩展配件,分别是开源控制器、测距点阵屏和转接拓展板,通过这3个扩展件,RoboMaster TT获得了无比强大的扩展性——各种各样的开源硬件,第三方传感器可以通过转接拓展板和开源控制器与RoboMaster TT进行连接,使得RoboMaster TT可以完成多种多样的功能。想象一下,通过手掌姿态的变换,控制无人机的飞行姿态,达到"机随意动"的境界,是多么酷呀!

1.从开源控制器说起

所谓开源,指的是"开放源代码"的意思。作为程序人员智慧的集合体,源代码蕴含了程序员们在无数个日日夜夜里的冥思苦想,也是程序员们劳动的结晶。开源,意味着程序员们的无私奉献。一旦选择开源,其他用户就可以在这份源代码的基础上进行修改和学习,需要做的仅仅是遵守开源协议和版权协议(某些开源协议甚至允许用户出售这份源代码)。

开源通常意味着对已有程序的二次利用,得益于开源的"开放""包容"精神,大量的开源项目纷纷面世。许多公司、个人用户都通过对别人的开源程序进行二次开发以更新自己的产品。RoboMaster TT的开源控制器就是其中的佼佼者。

RoboMaster TT的开源控制器的关键就是ESP32-D2WD——一款集成了2.4GHz/5.8GHz Wi-Fi和蓝牙双模的MCU(微控制单元)。我们可以简单把ESP32-D2WD理解为一款微型计算机,它把CPU的频率和规格进行了适当的缩减,并将内存、计数器以及大量的外部接口都整合在一块芯片上,形成了一台"芯片级"的微型电脑。

RoboMaster TT 开源控制器的 ESP32-D2WD 是一款双核,主频为 160MHz,运算能力达 400MIPS 的微控制单元(见图 1-11-1)。有的同学可能会问了:这个微控制单元可以用来干什么呢?

图 1-11-1 RoboMaster TT 的微控制单元

前面提到过,微控制单元可以理解为一台"芯片级"的计算机,所以它能完成的任务,用一个稍微有点夸张的说法来说,就是一般计算机能做的,它也能做。换而言之,它具备了对各种逻辑运算进行处理的功能。体现在 RoboMaster TT 自身上,它使得 RoboMaster TT 可以提供 Arduino 和 Micro Python 开源编程环境,支持 Arduino、Micro Python、图形化编程等多种离线编程方式。

此外,从图 1-11-2 中可以看到,RoboMaster TT 开源控制器的下方有一个 14pin 的扩展口。

图1-11-2　RoboMaster TT的14pin扩展口

可不要小看这个14pin扩展口！就是它，为RoboMaster TT的扩展性赋予了新的灵魂。在前面讲到，RoboMaster TT有一个微控制中心，扩展了RoboMaster TT可支持的编程平台，但是如果只是增加了编程的平台，那么这个微控制中心发挥的作用未免就有些名不副实了。通过这个14pin的扩展口，RoboMaster TT具有了外接第三方传感器的强大功能！

为什么说它具有了外接第三方传感器的功能，就可以称为强大了呢？因为第三方传感器的扩展能够赋予RoboMaster TT更多可读取的环境变量，有了这些环境变量，就可以通过对变量的读取和修改来调整RoboMaster TT的飞行姿态啦！

有了手势识别传感器，就可以实现用手势控制无人机；

有了手掌姿态传感器，就可以实现用手掌控制无人机；

有了声音传感器，就可以实现用语音控制无人机；

······

只要增加传感器的种类，RoboMaster TT的功能就会越来越强大，而这就是RoboMaster TT依靠开源控制器实现的强大扩展性。

2.测距点阵屏

RoboMaster TT 的第二个扩展模块是测距点阵屏(见图 1-11-3)。从名称就能看出来,测距点阵屏由两个子模块组成:ToF 测距模块和点阵屏模块。

图 1-11-3　RoboMaster TT 测距点阵屏

ToF(Time of Flight)测距是一种双向测距技术,即传感器发出经调制的近红外光,遇物体后反射,传感器通过计算光线发射和反射时间差或相位差,来换算被拍摄景物的距离,以产生深度信息。简单来说,就是通过 ToF 测距模块,RoboMaster TT 可以测量无人机与某个物体之间的距离,根据距离来调整 RoboMaster TT 的飞行姿态。根据大疆官网对 RoboMaster TT 技术参数的介绍,可以知道 RoboMaster TT 的 ToF 最大测量距离是 1.2 米(室内,白色)。

点阵屏则是通过屏幕上不同灯的亮灭来显示图案的(见图 1-11-4)。Robomaster TT 配载 8×8 红蓝双色 LED 点阵屏,通过图形化编程、Python、Arduino 等多种编程方式,可以在点阵屏上显示各种简单图案、简单动画和实现字符的滚动播放等,能够为大家提供更多人机交互的可能性。

官网上的信息显示,这块点阵屏还具有 IIC 接口(集成电路总线)、自动点阵扫描、全局亮度 256 级可调、单 LED 亮度 256 级可调等功能。

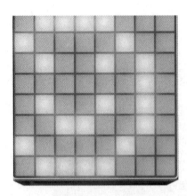

图1-11-4　RoboMaster TT点阵屏显示效果

3.转接拓展板

先让我们来看看转接拓展板(见图1-11-5)。

图1-11-5　RoboMaster TT转接拓展板

RoboMaster TT搭配的这块转接拓展板直接插在开源控制器的14pin的扩展接口上,这块扩展板"提供2×7pin2.54mm间距直插封装接口,支持I2C、SPI、UART、GPIO多种编程协议,并提供5V/3.3V电源,可方便实现用户新增传感器及调试"。简单来说,有了开源控制器,RoboMaster TT的可扩展性只发挥了一半,当装上这块转接拓展板之后,RoboMaster TT的扩展功能才得以完整地释放,各种各样接口的传感器都能够经过这块转接拓展板与无人机连接起来(见

图1-11-6）。想象一下,将一个烟雾传感器与无人机连接起来,当发生火灾的时候,无人机会自动升空进入报警姿态,这就是靠Robomaster TT强大的扩展功能实现的。

图1-11-6　多种多样的传感器组件

从 Tello EDU 到 RoboMaster TT,无人机本身性能的提升是极其有限的。然而通过 3 个扩展模块,RoboMaster TT实现了新生,通过各种可搭配的传感器,无人机本身不再成为限制同学们创造力发挥的瓶颈。想,然后放手去做吧!

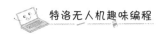

十二、RoboMaster TT 与 Python 的故事

1.Tello EDU 与 Python 的起点

RoboMaster TT 是 Tello EDU 的升级版,这部分内容在前面的学习中已经提到过。

要讲 RoboMaster TT 和 Python 的关系,也要从 Tello EDU 开始讲起。Tello EDU 在发售的时候,就已经提供了 Python 的适配文件。尽管从理论上说,大疆提供了 Tello EDU 的 SDK 开发文档,也就意味着只要具备较强的编程能力,就可以使用任何一种编程语言对 Tello EDU 进行编程:只要通过 SOCKET 向 Tello 固定的端口发送指令即可。但是对于 Tello 的广大受众——书本前的同学们而言,这绝非一件容易办到的事情,即使是一位经验丰富的程序员老手,通过 UDP 的方式与 Tello EDU 进行连接,也要花费不少的精力试错。

而 Tello EDU 在发售的同时,就提供了 SDK 2.0 的使用说明文档。这份说明文档中不仅说明了可以使用哪些程序语句控制 Tello EDU,还提供了一个基于 Python 的与 Tello 进行简单交互的样例程序(见图 1-12-1)。

通过这份文档,Tello EDU 和 Python 建立起了连接,彼时的 Tello EDU 可以使用 Python3 进行飞行程序的编写。

```
1   #
2   # Tello Python3 Control Demo
3   #
4   # http://www.ryzerobotics.com/
5   #
6   # 1/1/2018
7
8   import threading
9   import socket
10  import sys
11  import time
12  import platform
13
14  host = ''
15  port = 9000
16  locaddr = (host,port)
17
18
19  # Create a UDP socket
20  sock = socket.socket(socket.AF_INET, socket.SOCK_DGRAM)
21
22  tello_address = ('192.168.10.1', 8889)
23
24  sock.bind(locaddr)
25
26  def recv():
27      count = 0
28      while True:
29          try:
30              data, server = sock.recvfrom(1518)
31              print(data.decode(encoding="utf-8"))
32          except Exception:
33              print ('\nExit . . .\n')
34              break
```

图 1-12-1　Tello3.py 文件部分代码图

2.Micro Python

说起 Micro Python，不得不提到 Python。Python 是一款非常容易上手的编程语言，它语言简洁、易读性强并且可扩展，自 2004 年起，使用率爆发式增长。但遗憾的是，它不能实现一些非常底层的操控。所谓的底层，指的就是计算机的各个小型硬件，尽管 Python 有着各种各样的优点，但是在硬件领域确实力不从心。

为了突破 Python 在硬件领域的限制，一位计算机工程师打造了 Micro Python。Micro Python 的语法和 Python3 基本一致，是 Python3 的一种精简版，最重要的是，为了在单片机这样的性能有限的微控制器上运行，Micro Python 运行时仅需 16K 内存！Micro Python 的介绍见图 1-12-2。

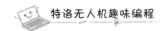

MicroPython运行的完整的Python编译器和运行时。您将获得交互式提示（REPL），以便立即执行命令，以及从内置文件系统运行和导入脚本的功能。REPL具有历史记录，选项卡完成，自动缩进和粘贴模式，以获得良好的用户体验。

MicroPython致力于与普通Python（称为CPython）尽可能兼容，以便如果您会使用Python，就可以玩转MicroPython。另一方面，您了解越多MicroPython的知识，您就越容易使用Python。

除了实现一系列核心Python库之外，MicroPython还包括访问硬件的"machine"等模块。

```
from machine import Pin

# create an I/O pin in output mode
p = Pin('X1', Pin.OUT)

# toggle the pin
p.high()
p.low()
```

图1-12-2　Micro Python介绍

如今,越来越多的物联网硬件都支持使用Micro Python进行程序控制,例如pyboard、Wipy、ESP8266、ESP32等。

3.RoboMaster TT 与 Micro Python

看书仔细的同学一定在上面看到了一个非常熟悉的名词:ESP32。没错,这里的ESP32正是RoboMaster TT开源控制器里面的微型控制中心。

而这,也就意味着RoboMaster TT也支持使用Micro Python进行控制! 在RoboMaster TT的官网中,可以找到官方对于Micro Python支持的肯定回答。

对于已经具有物联网、开源硬件开发经验的同学来说,看到这里,一定已经想到可以通过哪些方法编写Micro Python程序并控制RoboMaster TT了吧! 那么没有开源硬件开发精力、对于完全英文的程序语句使用没有信心但又想使用Micro Python控制RoboMaster TT的同学,该怎么办呢? 不用担心,RoboMaster TT也为这群同学提供了一个完美的解决方案:Mind+编程软件。"Mind+是一款拥有自主知识产权的国产青少年编程软件,集成各种主流主控板及上百种开源硬件,支持人工智能(AI)与物联网(IoT)功能。"Mind+软件的官网主页(http://mindplus.cc/)如此描述自己。

从界面上看(见图1-12-3),它和Scratch非常相似,也是积木式编程,拖动积木块就可以构建属于自己的程序代码,这就意味着只要是具有Scratch编程基础的同学就可以轻松上手Mind+,使用Micro Python进行无人机的控制。

图1-12-3　Mind+编程软件界面示意图

那么如何使用Mind+编程软件进行RoboMaster TT的程序编写呢？本书并不会详细介绍如何使用Mind+编程软件与RoboMaster TT建立连接并控制它,对于已经具有积木式编程基础同时也想使用Micro Python对RoboMaster TT进行控制的同学,可以在 https://mindplus. dfrobot.com.cn/RMTT中找到答案,也可以扫描右方的二维码直接进入该页面。该页面同时也提供了一个使用红外遥控无人机的案例帮助同学们进行学习。

Mind+与
RoboMaster TT
连接教程

最后,还要提到一点,虽然本章节中主要讲了RoboMaster TT与Micro Python的关系,但是这并不意味着RoboMaster TT不能直接与Python进行连接！事实上,RoboMaster TT发售的时候更新了RoboMaster TT SDK 3.0使用说明,在SDK 2.0中无人机的基本操作命令的基础上,增加了开源控制器ESP32的相关控制语句。

此外,RoboMaster TT还提供了一个网站帮助大家使用Python控制无人机哦！网址是https://robomaster-dev.readthedocs.io/zh_CN/latest/。

十三、iPad Playgrounds"Tello星际探索"简介

事实上,除了本书前述的使用Tello EDU软件对RoboMaster TT进行编程控制之外,RoboMaster TT还可以通过Swift语言进行编程控制,想要学习用Swift语言控制RoboMaster TT,也有很简单的方法:在iPad的Swift Playgrounds平台中下载"Tello星际探索"项目,跟随"Tello星际探索"进行学习。本书不会详细讲解"Tello星际探索"课程的具体内容,仅简单介绍如何下载"Tello星际探索"。

1.安装Swift Playgrounds

首先需要在App Store中下载"Swift Playgrounds"软件,搜索"Swift Playgrounds",找到图1-13-1中第一个软件,第一次下载时,点击"获取"按钮即可下载。

图1-13-1 搜索并下载"Swift Playgrounds"

Swift Playgrounds下载完成之后,就可以打开这个软件啦!

2.在Playgrounds中安装"Tello星际探索"

1 首次打开Swift Playgrounds的时候，界面是空白的。找到屏幕下方"获取Playground"右边的"查看全部"（见图1-13-2）。

图1-13-2 "我的Playground"界面

2 在最下方"From Other Publishers"中找到"Tello by Ryze"（见图1-13-3）。

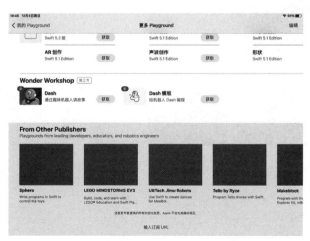

图1-13-3 更多Playground

125

3 点击"Tello by Ryze",会弹出下面的提示,点击"订阅"(见图1-13-4)。

图1-13-4　Tello by Ryze

4 点击"订阅"之后会进入"Tello星际探索"的介绍页面,点击"获取",如图1-13-5所示。

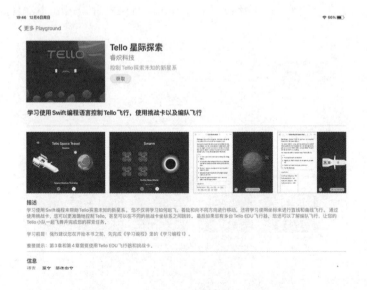

图1-13-5　"Tello星际探索"简介

5 然后，在"更多 Playground"界面也能找到"Tello 星际探索"啦（见图 1-13-6）！

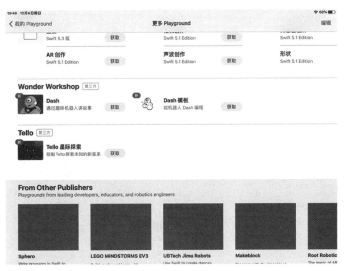

图 1-13-6 "更多 Playground"中的"Tello 星际探索"

6 点击"获取"之后就开始自动下载"Tello 星际探索"啦（见图 1-13-7）！

图 1-13-7 正在下载"Tello 星际探索"

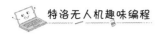

7 下载完成之后，在"我的Playground"界面中就可以找到"Tello星际探索"（见图1-13-8）。

图1-13-8 下载完成

8 点击"Tello星际探索"，提示来自第三方，点击"打开"即可（见图1-13-9）。

图1-13-9 打开"Tello星际探索"

9 按照提示完成设置和连接之后,就可以开始进行基于Swift语言的无人机编程啦(见图1-13-10)!

图1-13-10 "Tello星际探索"相机连接界面

进 阶 篇

本篇导读

本篇是RoboMaster TT无人机使用的进阶篇,在本篇中,大家将会使用Scratch对RoboMaster TT进行更加深入的操控,利用Scratch对RoboMaster TT的飞行功能进行扩展,例如声控、手势识别等。和基础篇相比,本篇的重点内容不在于RoboMaster TT飞行语句的学习,而在于例如"重复执行"如果……那么……"等逻辑控制语句的相互组合,更加强调计算思维。从难度上来说,进阶篇相对于基础篇偏高,建议同学们具有一定Scratch编程基础后,再开始学习本篇的项目,尤其是本篇的最后三个项目,包含的系统、模块、逻辑都比较复杂。当然,没有Scratch编程基础的同学也不必气馁,即使没有Scratch编程的基础,根据教材中的指示,同样能够最终完成各个项目。完成这些项目,能提升同学们对Scrach的理解,同时也能够深化同学们的编程思维,而这,仅仅需要你对编程具有探索的热情!

如果你已经做好了准备,那么接下来就让我们一起走进本篇,通过"寻宝中心岛""声控探险""嘘!别出声""急速营救"四个项目,让你的RoboMaster TT飞起来吧!

一、交个新朋友

1.讲个小故事

无人机嗡的一下飞起来,又嗖的一下往前飞远了。

小天学会了Tello EDU之后,每天都玩得不亦乐乎。

有一天,小天的爸爸说要给小天介绍一个新朋友。小天可好奇了:是什么样的新朋友呀? 他会唱歌跳舞吗? 我们能好好相处吗?

小天的爸爸听到小天的疑问,带着小天来到了电脑面前,打开了电脑。

"新朋友在电脑里吗?"小天问道。

"今天爸爸给你介绍的'新朋友',就是这只小猫咪。"小天的爸爸指着电脑屏幕上的一只橙色的猫咪。

"是Scratch!"小天惊喜地喊道,"我以前用它编写过程序!"

"没错,就是Scratch。以前呀,小天你用Scratch编写程序让小猫动起来,可是你知道吗? 它也能让你手上的无人机动起来!"爸爸说着,轻轻地笑了笑。

"是真的吗?"小天只知道Scratch能够编写程序和游戏,但是控制无人机的飞行,它也能做到吗?

"当然啦,用Scratch控制无人机,我们还能让无人机实现很多新的玩法呢! 小天,想不想让无人机听你的语音指令,当你用嘴说'起飞',它就起飞呀?"

"想!"小天想都没想就马上回答道。

"那么今天,我们就先学会怎样使用Scratch控制无人机,然后我们就可以试着让无人机听到我们说的话啦!"

2.我们的目标

通过Tello EDU,我们已经可以简单地控制RoboMaster TT起飞、降落、进行各种飞行动作,在这个项目中,我们将学习如何使用Scratch控制RoboMaster TT,为后面学习无人机的精细控制打下坚实的基础。本项目的主要目标是搭建能够与RoboMaster TT交互的Scratch编程环境,基本不涉及程序编写。

扫码查看
windows系统
搭建视频

3.我们怎么做

为了达成我们"使用Scratch控制RoboMaster TT飞行"的项目目标,我们要按照目标,在一个完整的阶段中完成环境的搭建。

阶段一:搭建Scratch编程环境

搭建的整体流程如图2-1-1所示。

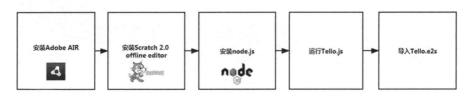

图2-1-1　安装流程图

1 和使用 Tello EDU 控制 RoboMaster TT 一样,使用 Scratch 控制 RoboMaster TT的第一步,也需要让RoboMaster TT开机,让需要安装Scratch的电脑连接到 RoboMaster TT 的 Wi-Fi 信号上! 注意:使用 Scratch 控制

RoboMaster TT的时候,都需要进行这一步哦!

2　首先需要安装Adobe AIR,读者可通过网络搜索下载,本书亦提供文件下载,你可通过百度网盘https://pan.baidu.com/s/1eTOGUg0wi5N3thdTIvkELg(提取码:hznu)下载,该文件已存在于分享文件夹中。

3　之后我们需要下载Scratch 2.0离线版并安装在电脑上,通过各种搜索引擎可以获得该软件,读者也可以通过https://pan.baidu.com/s/1MNDhu9N1aMV8uhb1Le9Nmw(提取码:hznu)下载。

双击运行"Scratch-461.exe"开始安装,如图2-1-2所示。安装成功的界面如图2-1-3所示。

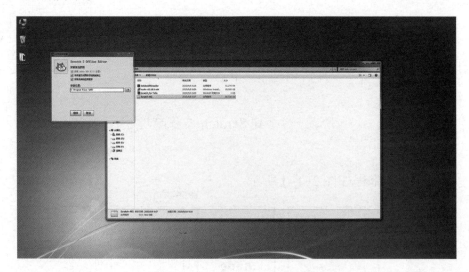

图2-1-2　Scratch安装界面

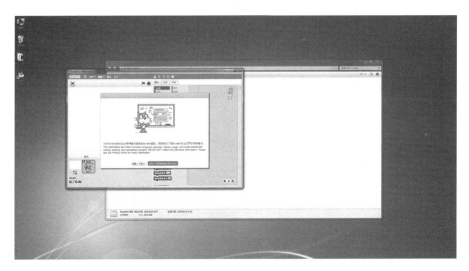

图2-1-3　Scratch安装成功

4　如果电脑此前从未安装过Scratch,首次安装完成之后是英文模式,点击Scratch左上角的小地球图标可以选择语言。点击小地球,将鼠标移至弹出来的语言列表最下方的白色倒三角(见图2-1-4),语言列表开始滚动,直到看到"简体中文"并点击"简体中文"(见图2-1-5)。

图2-1-4　语言列表

图2-1-5　选择"简体中文"

5 然后在电脑中安装 node.js，官方下载地址为 https://nodejs.org/dist/ v12.18.4/node-v12.18.4-x64.msi，本书亦提供文件下载，如你通过百度网盘下载，则该文件已存在于分享文件夹中。

双击运行"node-v12.18.3-x64"，如图2-1-6所示，一路点选"next"，最终选择"install"即可成功安装，安装成功如图2-1-7所示。

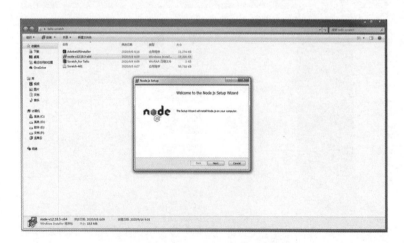

图2-1-6　node.js 安装界面

图2-1-7　node.js安装成功界面

6 访问 https://terra-1-g.djicdn.com/2d4dce68897a46b19fc717f3576b7c6a/
Tello%20%E7%BC%96%E7%A8%8B%E7%9B%B8%E5%85%B3/For%20Tello/
Scratch_For%20Tello.7z，或下载本书提供的 Scratch_For Tello.7z，如你通过百度
网盘下载，则该文件已存在于分享文件夹中（请尽量下载本书提供的文件，其
中部分文件本书作者进行过少量修改以便实现相关功能）。

选择一个位置解压 Scratch_For Tello.7z，打开解压后的文件夹，如图2-1-8
所示。

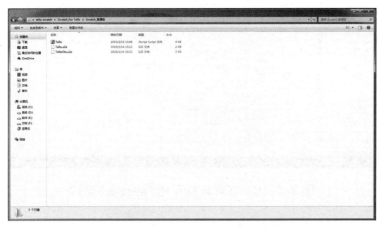

图2-1-8　Tello.js文件夹

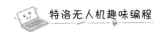

在按住键盘上Shift键的同时点击鼠标右键,找到"在此处打开命令窗口"并单击它,如图2-1-9所示。

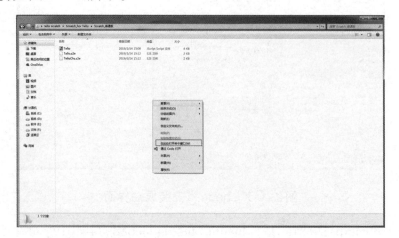

图2-1-9　在此处打开命令窗口

注意:比较新的操作系统的该选项可能会叫作"在此处打开Powershell窗口",点击"确定"之后打开的窗口如图2-1-10所示,是正常现象,后续操作都是一致的。

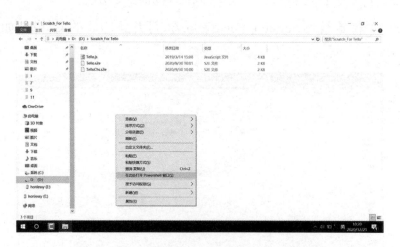

图2-1-10　在此处打开Porwershell窗口

输入"node Tello"并回车,如图2-1-11和图2-1-12所示则表示成功。

图2-1-11　命令运行成功启动
Tello.js 界面

图2-1-12　Powershell 成功启动
Tello.js 界面

7　将上一步的命令提示符窗口(黑色窗口)最小化(不要关闭,如误关闭需要重复前述按住Shift键及之后的操作),打开Scratch软件,如图2-1-13所示。

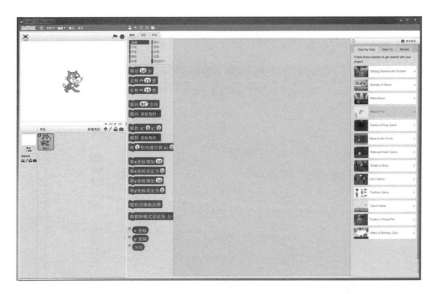

图2-1-13　Scratch 界面

按住Shift键,点击左上角的"文件"选项,找到"导入实验性HTTP扩展功能",如图2-1-14所示。

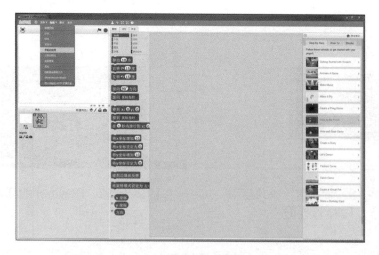

图2-1-14　导入实验性HTTP扩展功能

8　点击"导入实验性HTTP扩展功能",在弹出的文件选择框里找到下载的"Scratch For Tello"文件夹,进入文件夹,选择"Tello.e2s",点击打开,如图2-1-15所示。

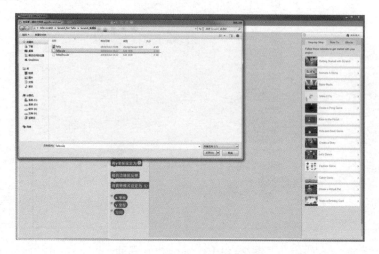

图2-1-15　Tello.e2s文件

如图2-1-16所示,此时,在Scratch的"更多积木"模块中就有了RoboMaster TT控制的代码积木块啦!

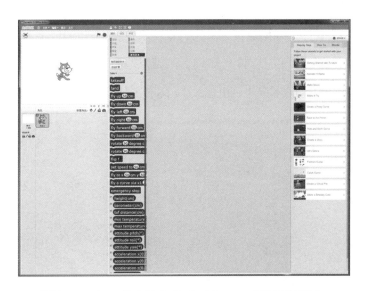

图2-1-16　成功导入RoboMaster TT控制语句

9 也可以再次点击"导入实验性HTTP扩展功能",在弹出的文件选择框里找到下载的"Scratch For Tello"文件夹,进入文件夹,选择"TelloChs.e2s",点击打开,代码块就变成中文的啦,如图2-1-17所示!

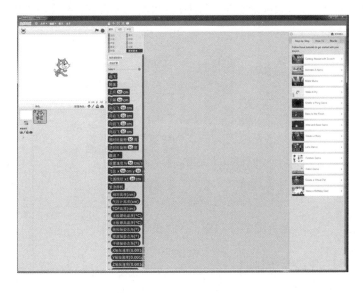

图2-1-17　中文版本的RoboMaster TT控制语句

10 对于没有Scratch编程基础的同学来说,在之后的学习过程中比较苦恼的地方是书里面用到的积木不知道该从哪里拖动出来。接下来大家就一起看看在什么地方找到积木吧!如图2-1-18框中的区域就是Scratch的积木区。

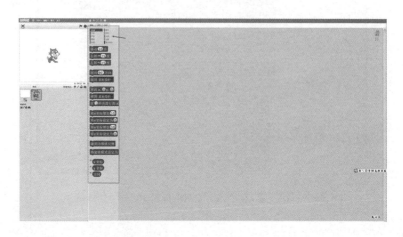

图2-1-18　Scratch的积木区

11 大家可以看到不同模块的积木的颜色不同(见图2-1-19),在后续的学习过程中,如果大家找不到书中使用的积木的话,就对照着颜色,来这个区域找一找吧!

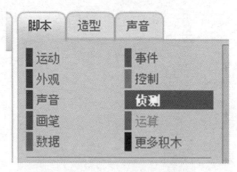

图2-1-19　不同模块的积木

至此,这个任务就完成啦!

4.我们学到了

通过这个项目,大家学习了怎样搭建能够与无人机交互的Scratch编程环境,根据最后环境搭建的最终效果,请先给自己打个分吧!

我让Scratch的"更多积木"中出现了无人机的相关积木!

☆ ☆ ☆ ☆ ☆

如果在操作中遇到了问题,不要着急,看看下面的Q&A中有没有解决方案!

Q1:我的电脑是Mac系统(苹果系统),能使用Scratch控制无人机吗?

A1:Mac系统也是可以使用Scratch控制无人机的,在本书提供的Tello Scratch资源包中亦有"Mac"文件夹,内含苹果系统所需文件。操作的主要区别是在步骤4中,在Mac系统打开Terminal,要使用"cd"语句进入Tello.js所在的文件夹中,输入"node Tello"。可以扫描下面的二维码查看苹果系统搭建流程视频。

扫码查看苹果系统搭建流程视频

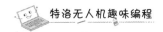

二、寻宝中心岛

1.讲个小故事

探险家先生热爱冒险。

为了能到世界各地冒险,他买了一架直升机,还在直升机里放了许多和探险有关的设备,包括无人机啊,定位装置啊,应有尽有。

这一天,他开着自己的直升机翱翔在太平洋上。直升机高速旋转的扇叶激起呼呼的旋风,拍打在蓝宝石一般的大海上。

"嘿! 那是一座岛吗? 我没在地图上见过它!"看着视线里冒出的一个黑点,探险家兴奋地大叫起来,驾驶着直升机快速接近。

没一会儿,探险家就靠近了那座岛屿,小岛面积不大,从上面看像是个正方形。突然,他的探测机器"滴滴滴"地大叫了起来,显示岛上藏着丰厚的宝藏。

"天哪,我要发财了!"探险家的脸涨得通红,恨不得插上翅膀立刻飞到岛屿上探险,可是,这个岛上没有足够的空地,直升机无法降落。

幸好,他带了无人机。无人机可以按照编好的程序,从外向里沿着方形螺旋的轨迹逐渐探索小岛,帮助探险家找到里面的宝藏。

"可是,我不会无人机编程呀!"探险家急得抓耳挠腮。

朋友们,你们可以帮帮他吗?

2.我们的目标

通过搭建能够与RoboMaster TT交互的Scratch平台,我们已经做好了使用Scratch编写更加复杂的飞行程序的准备了。在这个项目中,我们先进行一个热身运动:使用Scratch编写一个按照方形螺旋路线飞行的RoboMaster TT程序。项目的目标有三个:

(1)熟练掌握RoboMaster TT与Scratch的连接方法;

(2)能够分析详细的飞行路线图并将飞行任务进行拆解;

(3)能够根据拆解的飞行任务编写Scratch程序。

扫码查看
飞行效果

3.我们怎么做

1 为了让RoboMaster TT能够接收到来自Scratch的指令,我们需要先把RoboMaster TT开机并放置在宽阔的地方,然后使用电脑连接RoboMaster TT发出的Wi-Fi。 RoboMaster TT的Wi-Fi名称一般为"TELLO-××××××"或"RMTT-××××××",该名称可以在它的电池仓(或开源控制器背面)看到,如图2-2-1所示。接着进行以下步骤。

注意:若不是一次学习多个案例,则以下步骤是每次编程之前都需要完成的。

(1)连接RoboMaster TT的无线信号;

(2)在"Tello.js"文件所在目录使用"命令提示符"或"Powershell"运行"node Tello.js";

(3)在Scratch中按住Shift键点击"文件"选项,选择"导入实验性HTTP扩展功能"。

图2-2-1　RoboMaster TT的Wi-Fi名称

2 接下来我们确定飞行路线。方形螺旋飞行的路线如图2-2-2所示。

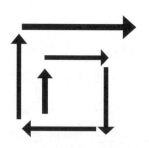

图2-2-2　方形螺旋飞行路线图

从图中我们可以看到,RoboMaster TT每次向前飞行的距离都会比上一次更长一点。假设最开始向前飞行80厘米,那么下一次飞行就要在80厘米的基础上增加一点(我们假定增加20厘米)。此外,我们也可以发现,每次向前飞行结束之后,RoboMaster TT都要向右旋转90°,只要我们一直重复上面的飞行方式,就可以使RoboMaster TT进行方形螺旋飞行啦!

3 让我们把视角换回到Scratch中。第一步大家应该做什么呢?当然是要让它先起飞啦(见图2-2-3)!

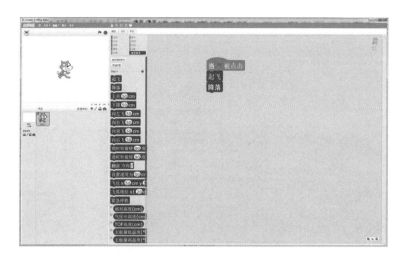

图2-2-3　Scratch中的起降积木

4　接下来,我们应该按照飞行路线"向前飞80厘米→向右转90°"编写程序(见图2-2-4)。

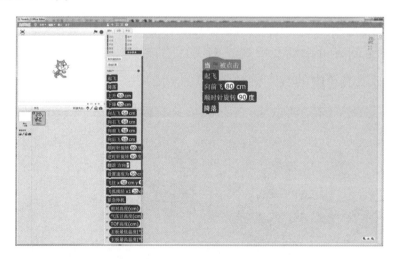

图2-2-4　向前飞+转向

5　聪明的你一定发现了,这样的话,RoboMaster TT向前飞行的距离就被固定了,没法实现每次转弯增加距离了! 所以为了让它每次向前飞行的距

离都能增加一点,可以用一个变量i来代替向前飞行的距离(见图2-2-5)。

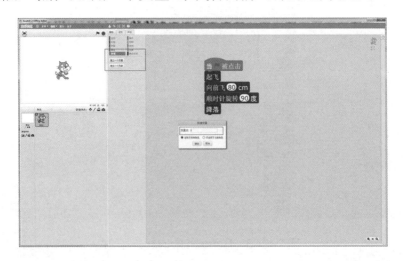

图2-2-5　新建变量

6　在方形螺旋飞行中,第一次向前飞行的距离是固定的,从第二次开始才每次增加一点,所以先设定变量i的值为80,再使用"向前飞i厘米",这样就可以把固定的飞行距离变成变化的飞行距离啦!注意:"向前飞i厘米"是把i拖动到向前飞语句中的数字的位置哦(见图2-2-6)!

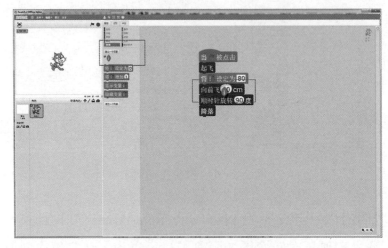

图2-2-6　设定变量初始值

7 现在我们已经把向前飞行的距离从固定值变成了变量,但是变量不发生改变的话,就还是一开始的固定值,所以我们要增加一个使变量i增加的语句(见图2-2-7)。有一点需要特别注意:当使用Scratch进行RoboMaster TT的编程时,在控制RoboMaster TT运行的时候尽量不要一次性向RoboMaster TT发送过多指令,否则可能会丢失指令,造成RoboMaster TT不按语句执行程序,所以在每一次运动完之后尽量都加上"等待( )秒"指令,经过测试,通常使用"等待5秒"较为合适。

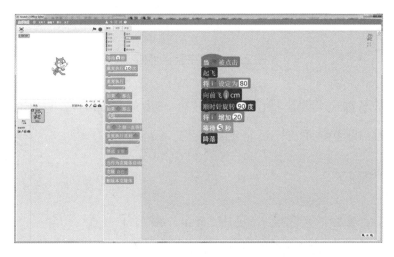

图2-2-7 变量i的值增加

8 现在向前飞行的距离也发生了变化,但是RoboMaster TT目前只能向前飞行一次,飞行第二次的距离和方向虽然发生了变化,但是缺少了继续向前飞行的语句,难道大家要一直不停地添加向前飞和旋转的语句吗?

聪明的你肯定已经想到了解决的办法!可以使用重复执行的积木块来实现多次"向前飞+转向"的动作。假定RoboMaster TT需向前飞8次。完整程序见图2-2-8。

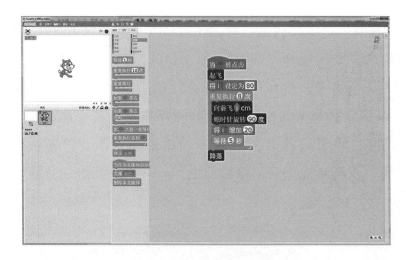

图2-2-8　完整的程序

9　程序都已经编写完成啦！最后一步应该做什么呢？当然是点击Scratch舞台区的小绿旗,让RoboMaster TT飞起来吧!

4.我们学到了

通过这个项目,大家尝试使用Scratch编写了一个RoboMaster TT进行方形螺旋飞行的程序,主要的学习内容是Scratch的程序逻辑和RoboMaster TT的相互搭配。在完成了整个项目之后,根据自己的表现,给自己打个分吧!

扫码查看
完整编程
视频

(1)我成功地通过Scratch编写程序让RoboMaster TT起飞并完成8次循环,最终安全降落!

☆ ☆ ☆ ☆ ☆

(2)某位同学也想要使无人机实现方形螺旋飞行,但是写完了下面的程序之后却无法实现,你能帮他看看哪里出错了吗?

（3）如果现在想要让RoboMaster TT在进行方形螺旋飞行的同时还要上升高度，你能不能用Scratch实现呢？如果可以的话，请你把程序语句写下来吧！

如果在操作中遇到了问题，不要着急，看看下面的 Q&A 中有没有解决方案！

Q1：点击Scratch的小绿旗之后RoboMaster TT并没有起飞，怎么办呢？

A1：请首先检查电脑是否连接到RoboMaster TT的Wi-Fi信号上；确认信号连接后，再检查一下是否运行了Tello.js文件（命令提示符窗口是否被关闭，如图2-1-11和图2-1-12所示）；根据运行Tello.js的情况（查看命令提示符窗口中的输出内容）进行调整；最后检查RoboMaster TT的电池电量是否过低，当RoboMaster TT的电池电量过低时，一些语句将不会执行。如以上都检查无误之后，问题仍未解决，请按照以下程序重新启动Tello.js服务：

（1）将RoboMaster TT重启；

（2）重新连接RoboMaster TT的Wi-Fi信号；

（3）找到Tello.js文件，在该文件所在的位置按住键盘上的Shift键的同时点击鼠标右键，点击"在此处打开命令窗口"；

（4）在命令提示符窗口中输入"node Tello.js"，如果此处提示"node"不是内部或外部指令，请重新安装node.js并重启电脑，再次从（1）开始；

（5）当以上都完成之后，RoboMaster TT已经连接到Scratch，可以检查Scratch中更多积木部分的指示信号（见图2-2-9），当指示信号是绿色的时候表示已经连接到RoboMaster TT。

154

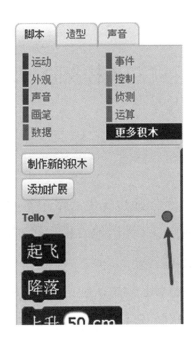

图2-2-9　Scratch与RoboMaster TT通信指示信号

（6）如果问题依旧没有解决，请联系大疆客服。

三、声控探险

1. 讲个小故事

最近,逆风矿业的隧道工程师吕先生心情很不明媚。

尤其是今早,主任把他叫来,丢给他一份顺风矿业和逆风矿业两家公司的矿道开发对比图,让他自己看着办。

看见自家的开发率还比不上顺风矿业的一半,吕先生老脸通红。

"不行,我得去顺风考察!"说干就干,吕先生马上去了顺风矿业。顺丰矿业的隧道工程师曹女士热情地接待了吕先生。当吕先生说明来意,她神秘地拿出了一个巴掌大的小玩意儿。

"无人机?"吕先生不解地说道,不久前他也想用这个小东西探索矿道,但矿道里环境复杂又黑暗,无人机控制起来很不方便。

"你跟来看看就知道了。"曹女士卖了个关子。

很快,吕先生就见到了。他看见头戴安全帽的顺丰矿业员工拿着电脑,不断地自言自语:"起飞,自动巡航……"

原来是声控! 对呀,有了声控就可以直接给电脑里的 Scratch 下命令,不需要摸黑给无人机编程了! 难怪顺风的效率这么高!

吕先生招呼也没打,一溜烟跑回去了。

从这之后,吕先生的心情又明媚了起来。

2.我们的目标

经过"寻宝中心岛"项目的学习,大家已经基本了解了如何在Scratch中按照固定的路线对RoboMaster TT进行编程。在本项目中,没有了固定的路线图,需要采用声音控制的方式来指挥RoboMaster TT进行飞行,当然,本项目中不涉及外接第三方传感器,仅使用RoboMaster TT本体以及Scratch进行实现。为了实现这个功能,本项目分为三个目标:

(1)分析所需模块并明确各模块所包含的具体功能;

(2)理解并掌握通过同一个信号控制RoboMaster TT不同飞行状态的方法;

扫码查看
飞行效果

(3)拆分程序所需的模块并用Scratch实现。

最终要实现的效果是:若发出一段较长时间的声音信号(>1秒),则RoboMaster TT起飞,同时电脑中绘制当前电脑接收到的声音响度指示图;RoboMaster TT起飞之后,通过按键"L"控制它降落,通过"↑"和"↓"控制RoboMaster TT上升和下降;此外,通过长时间的声音信号(>1秒)控制RoboMaster TT在当前选定方向进行翻滚动作,通过短时间的声音信号控制RoboMaster TT改变翻滚方向(前、后、左、右)。

3.我们怎么做

根据项目的目标,我们可以把整个项目分为五个小任务,通过完成这五个小任务实现最终的项目效果。第一个任务要求大家分析要想实现项目效果一共需要多少个模块,这些模块需要包含哪些功能;第二、三个任务要求大家把比较简单的功能模块用Scratch编写出来;最后两个任务要求大家逐渐深入,实现通过不同信号控制RoboMaster TT切换翻滚方向和进行翻滚动作。

任务一：分析程序所需模块

1 首先让我们设想一下声控RoboMaster TT的具体流程：发出起飞声音指令→RoboMaster TT起飞→起飞后等待指令→发出声音指令→进行动作→动作完成后等待下一个指令→降落。如图2-3-1所示。

图2-3-1 飞行流程图

2 根据上面的流程图，可以分析：首先，为了了解当前电脑接收到的声音响度，需要一个提示界面告知大家当前电脑接收到的声音信号如何，同时这个界面还应该能够告知我们是否已经将指令发送给RoboMaster TT了，可以把这个模块称为无人机信息指示模块。其次，通过流程图容易看到，使用声音控制 RoboMaster TT 总共有两种可能：一种是在程序刚开始时通知RoboMaster TT起飞，另一种是在RoboMaster TT起飞之后通知它进行翻滚。后一种是循环关系，需要执行多次，而前一种只执行一次，所以需要把这两个部分分开实现。这就构成了两个模块——无人机起飞模块和无人机翻滚模块。声控模块图如图2-3-2所示。

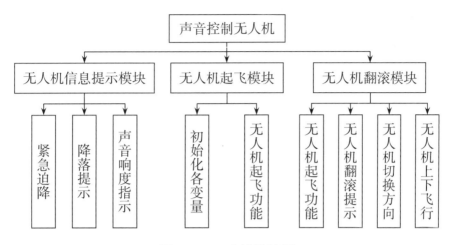

图2-3-2 声控模块图

任务二：实现无人机信息提示模块

1 首先大家可以进行导入几个背景（见图2-3-3），导入多个背景可以使控制界面更加丰富且具有乐趣。

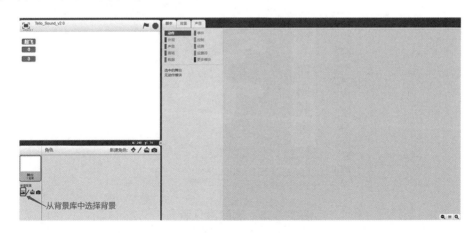

图2-3-3 选择背景

背景库中有丰富的背景可供选择，大家可以在背景库中随机选取15个背景。按住键盘上的Shift键可以同时选取多个背景（见图2-3-4）。

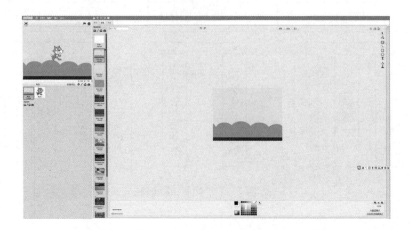

图2-3-4　添加多个背景图

2　别忘了删除第一个白色的背景！点击白色的背景，在白色背景的右上角会出现一个"×"，点击这个"×"就可以删除背景啦（见图2-3-5）！

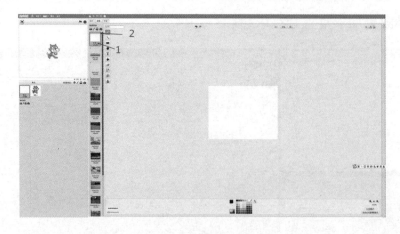

图2-3-5　删除默认背景

3　之后点击顶部的"脚本"按钮即可进入编程界面（见图2-3-6）。

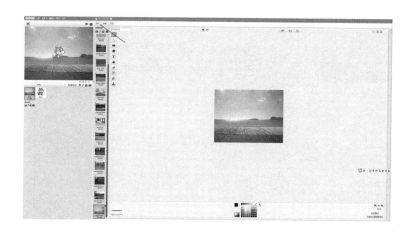

图2-3-6 进入舞台编程区

4 之后再次点击小猫图案左边的"背景"图片就可以进入舞台的编程区域啦！我们想要实现每一次控制RoboMaster TT,背景图片都发生一次变化,所以程序的起点就是"当小绿旗被点击"(见图2-3-7)。

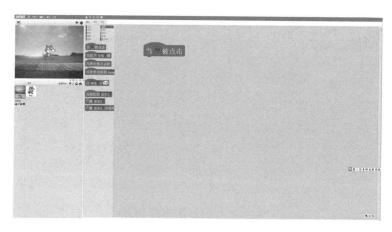

图2-3-7 程序起点

5 接下来就应该让背景图片进行切换啦！因为不需要固定背景出现的顺序,所以只需要设置为随机出现就可以了。在这里使用到了"运算"模块中的"在( )到( )间随机选一个数"积木(见图2-3-8)。

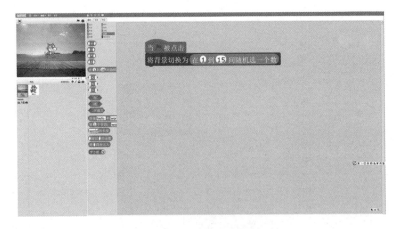

图2-3-8　切换背景图片

6　然后停止当前脚本就可以啦！默认是停止全部脚本,大家需要点击停止积木右上角的黑色倒三角选择"当前脚本"(见图2-3-9)。

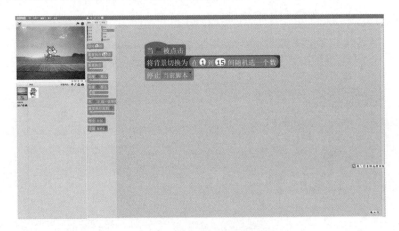

图2-3-9　停止当前脚本

7　之后点击角色区的小猫,就可以进入小猫角色的编程区域啦(见图2-3-10)!

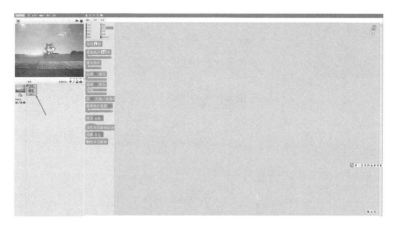

图2-3-10　点击小猫进入编程区域

8　当程序开始的时候,先调整一下小猫的大小和位置(见图2-3-11)。

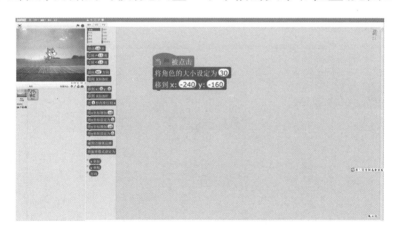

图2-3-11　设定大小

9　要怎样才能把电脑接收到的声音信号通过小猫表现在屏幕上呢?
我们可以使用画笔模块,就像画画一样把声音的响度"画"在屏幕上:声音响的
时候,画得高一点;声音不太响的时候,画得低一点。是不是就可以啦? 首先
我们把画笔的工作流程写下来:抬笔—落笔—移动—抬笔(见图2-3-12)。

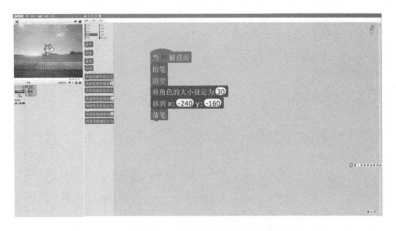

图2-3-12 使用"画笔"

10 接下来我们就让小猫一直向右移动。别忘了"将x坐标增加"的指令要重复执行哦(见图2-3-13)!

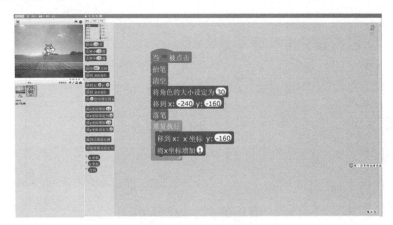

图2-3-13 移动小猫

11 可是现在这样小猫一直往右,画出来的是一条直线,并不能表示声音的响度呀! 所以我们就通过改变小猫的y坐标来表明当前电脑的响度。我们把y=-160假设为响度为0的地方,这样一来,小猫的y值=响度-160。因为"响度"一直在变化,所以小猫的y值也就会一直变化啦(见图2-3-14)!

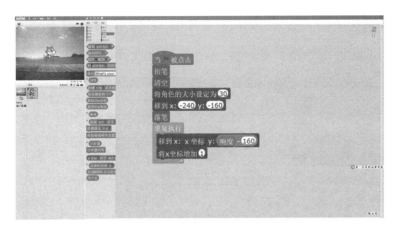

图2-3-14　根据响度变换y坐标

12　接下来又有一个问题了：舞台的大小是有限的，一次性只能显示有限的声音响度，该怎么结束呢？我们可以让小猫移动到最右边的时候（此时x=239），又移回最左边重新绘制，并且擦除掉之前的声音轨迹，重复这一过程就能让小猫一直实时地记录声音响度（见图2-3-15）。

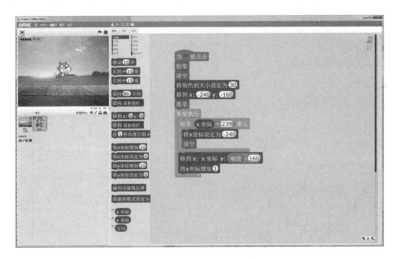

图2-3-15　重置小猫位置

13　在Scratch里，电脑能检测到响度的最大值为100。大家可以定义一

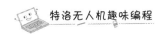

个值叫作"响度临界值",当响度大于这个临界值的时候,就表示要向
RoboMaster TT发送指令啦! 先建立这个临界值变量(见图2-3-16、图2-3-17)。

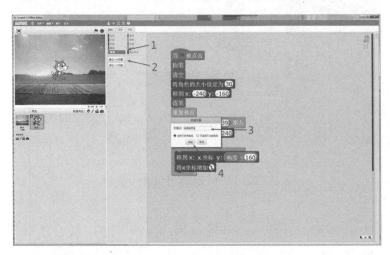

图2-3-16　建立临界值变量

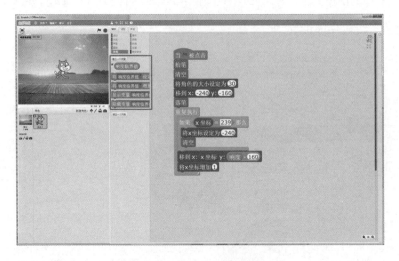

图2-3-17　临界值变量

14 当响度大于这个临界值的时候,可以在屏幕上打印一个图章,提醒
我们当前响度超过临界值(见图2-3-18)。临界值设定为多少呢? 我们稍后

再统一设置。

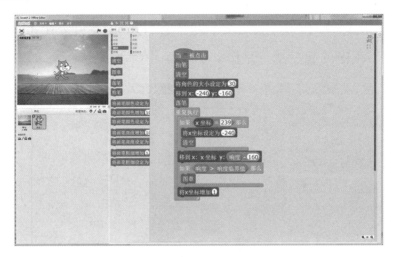

图2-3-18　打印图章

15　为了让图案变得更真实一些,我们也可以让小猫不停地变化造型。因为默认的第二个造型是小猫跑步的造型,我们只要让小猫不停地在两个造型中变化,就可以让小猫看起来像是在奔跑(见图2-3-19)。

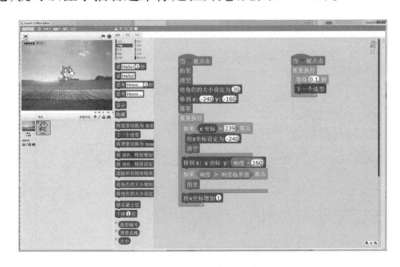

图2-3-19　变换小猫造型

16 为了安全起见,我们还要给RoboMaster TT设置一个紧急迫降的功能,这样当发生意外的时候,我们按下键盘上的"L"键就可以让无人机降落(见图2-3-20)。程序的起点就不是按下小绿旗了哦,而是当按下"L"键的时候。

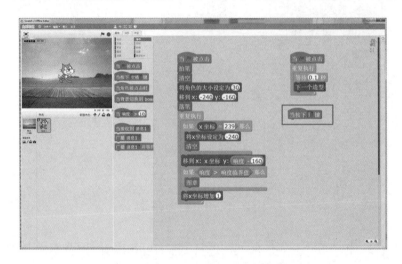

图2-3-20 设定按下"L"键触发

17 执行降落之前要向其他模块发送广播"降落",这样其他的模块在接收到这个广播之后就不能再向RoboMaster TT发送指令啦(见图2-3-21)!

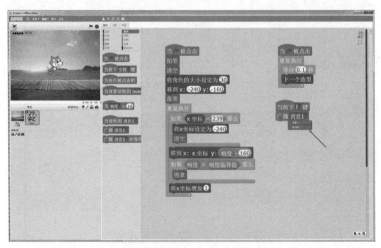

图2-3-21 添加新消息

18 为了确保RoboMaster TT能够接收到降落指令,我们可以重复发送多个降落指令(见图2-3-22)。

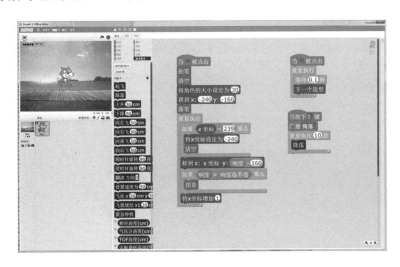

图2-3-22　发送降落指令

19 发送完指令之后可以等待10秒(RoboMaster TT此时正在降落),最后停止全部脚本(见图2-3-23)。

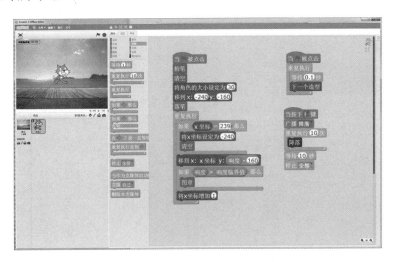

图2-3-23　停止脚本

20 最后还可以增加一个降落提示，当RoboMaster TT正在降落的时候小猫一边闪烁一边说"降落中"。首先要接收刚才发出的RoboMaster TT降落的消息（见图2-3-24）。

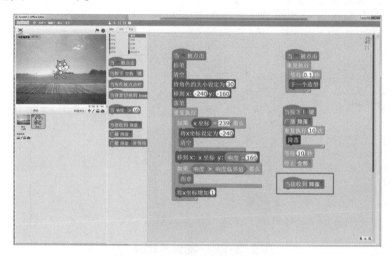

图2-3-24　接收降落消息

21 接下来就可以让小猫说"降落中"（见图2-3-25）。

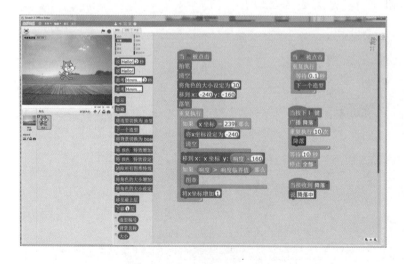

图2-3-25　提示"降落中"

22 最后让小猫闪烁多次（见图2-3-26）。

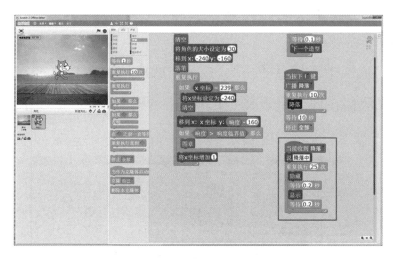

图2-3-26　闪烁提示

23 至此，无人机信息提示模块就算完成啦（见图2-3-27）！

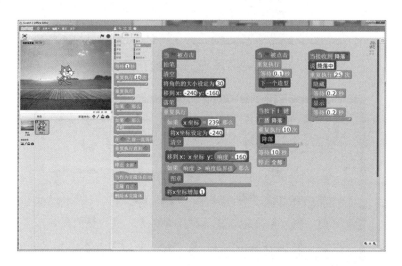

图2-3-27　完整模块程序

任务三：实现无人机起飞模块

1 完成了指示信息的模块，接下来就应该让RoboMaster TT准备起飞啦！首先我们在舞台中导入一个新的指示图案（飞机）（见图2-3-28～图2-2-30）。

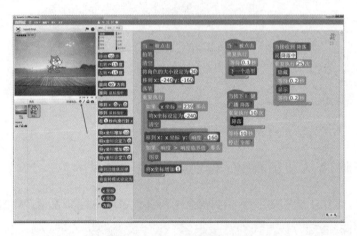

图2-3-28 选择新建角色

图2-3-29 导入飞机图案

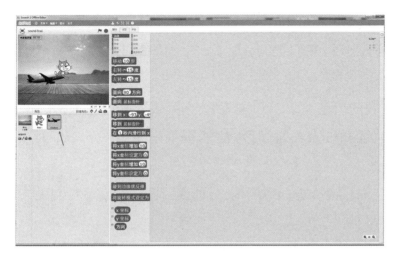

图2-3-30　点击飞机图案进入编程界面

2　接下来我们要思考一个问题：无人机的翻滚方向一共有上下左右4种，加上起飞和降落，一共有6种状态，我们要怎样通过同一个信号让无人机进行不同的状态变化呢？

为了解决这个问题，我们可以使用Scratch的列表功能。列表是什么呢？"列表"就是变量的集合。它好比是一个罐子，里面放着很多的"糖"（变量），我们可以在程序运行的时候，把"糖"放到罐子里面，也可以从罐子里面把"糖"取出来。怎么把"糖"取出来呢？"糖"是按照什么顺序放进去的，就按照什么顺序拿出来。第一颗放进去的"糖"的序号就是1，第二颗放进去的"糖"的序号就是2。当需要拿出来的时候，只需要说请把第2号"糖"拿出来就可以啦！

3　我们把"起飞，l，r，f，b，降落"6种状态放进一个列表中，通过列表的项数变化，就可以改变当前无人机的状态了！那么具体要如何实现呢？光有一个列表是不够的，我们还需要两个变量辅助。设定两个变量：方向值与方向数。方向值表示现在取出来的"糖"是什么：是"起飞，l，r，f，b，降落"中的某一种。方向数表示"糖"放进盒子里的序号，我们通过改变方向数的值来改变方

向值的内容,进而改变RoboMaster TT的状态。

举个例子来说,我们把"起飞,l,r,f,b,降落"依次放进一个列表"方向列表"里面:

当方向数的值是1的时候,列表"方向列表"的第"方向数"项就是"起飞";

当方向数的值是2的时候,列表"方向列表"的第"方向数"项就是"l"。

······

这样,我们只改变方向数的值,就能通过同一个变量控制无人机进行不同的飞行动作啦!

我们可以让方向值=列表"方向列表"的第"方向数"项,这样我们只要判断方向值的内容是"起飞,l,r,f,b,降落"中的哪一种,让RoboMaster TT根据方向值的内容进行飞行就可以啦!通过这样的方法,我们就可以实现通过同一个信号控制同一个变量,指挥无人机进行不同的飞行动作。

4　那么接下来就按照刚才的分析思路进行程序的编写。首先创建一个列表(见图2-3-31)。

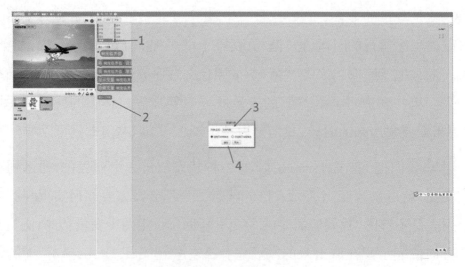

图2-3-31　创建列表

5 然后把列表进行初始化,再把"起飞,l,r,f,b,降落"6种状态放进列表中(见图2-3-32)。

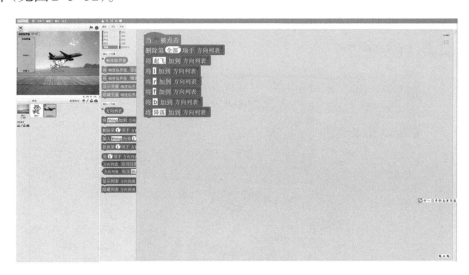

图2-3-32 向列表中添加内容

6 创建方向值与方向数两个变量,并且让方向数等于1(我们从第一颗"糖"开始拿起),让方向值等于列表"方向列表"的第"方向数"项(见图2-3-33)。

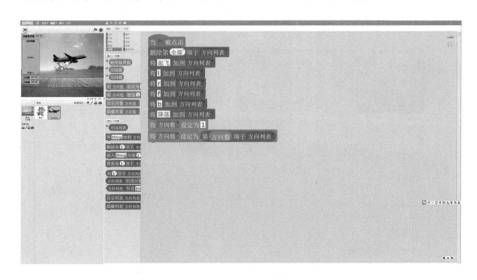

图2-3-33 设定方向数和方向值

7 还记得前面提到过的响度的临界值吗？当响度大于临界值的时候，就向 RoboMaster TT 发送指令。Scratch 可识别的响度范围是 1～100，在这里可以设定响度的临界值为 80（见图 2-3-34），当声音大于 80 的时候就视为向 RoboMaster TT 发送指令。

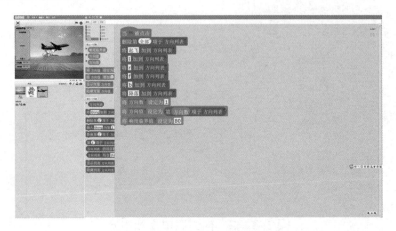

图 2-3-34　设定响度临界值

8 为了更加真实一点，我们可以给飞机图案新增几个造型。点击角色旁边的"造型"按钮可以进入修改造型界面（见图 2-3-35）。

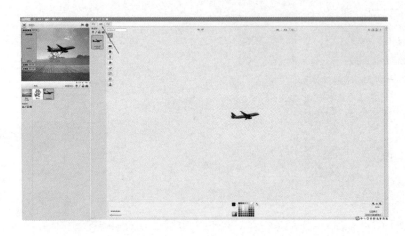

图 2-3-35　"造型"按钮

9 点击右下角的"转换为矢量编辑模式"就可以开始改变飞机的图案啦(见图2-3-36)!

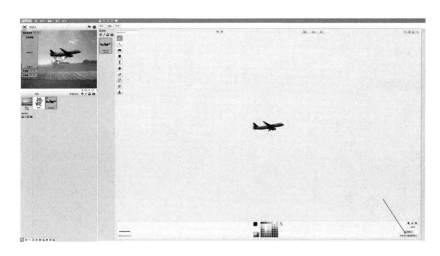

图2-3-36　矢量编辑模式

10 根据项目的需求,需要飞机头部朝上表示起飞的图案和头部朝下的表示降落的图案。点击右上角的"选择"箭头之后再点击飞机图案就可以旋转图片啦(见图2-3-37)!

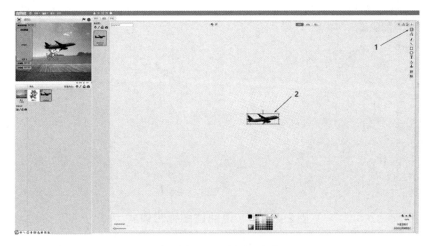

图2-3-37　旋转图片步骤

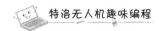

11　用鼠标左键按住图片上方中央的小圆点即可拖动进行旋转(见图2-3-38)。

图2-3-38　旋转完成

12　旋转完成之后转换为位图编辑模式(见图2-3-39)。

图2-3-39　退回位图编辑模式

13　右击并选择中间的飞机图案,选择复制(见图2-3-40)。

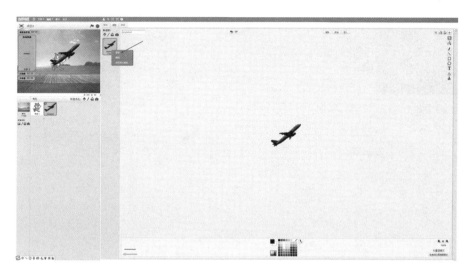

图2-3-40　复制一份"飞机"图案

14 用同样的方式"画"一个头部向下的飞机(见图2-3-41)。

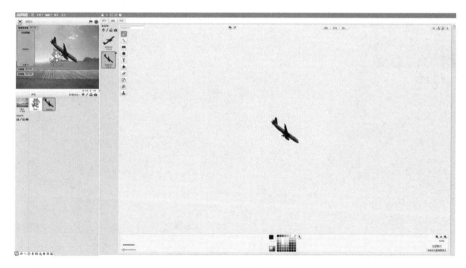

图2-3-41　设定头部向下

15 然后再增加几个方向箭头,表示无人机当前的翻滚方向。需要注意的是,造型从上到下的顺序要按照第5步中设定列表的顺序哦(见图2-3-42、图2-3-43)!

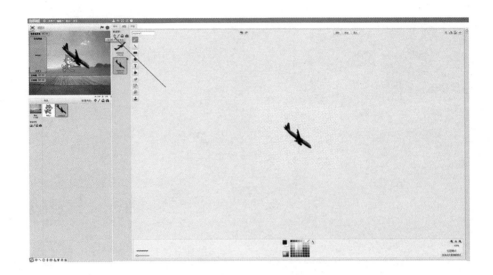

图2-3-42　添加造型1

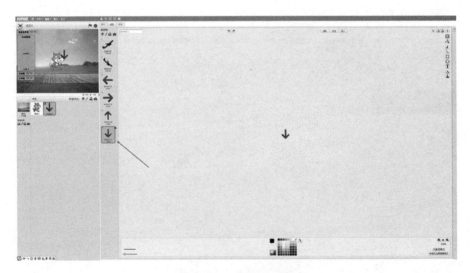

图2-3-43　添加造型2

16　拖动图片可以调整位置,如果你的程序和本书的程序一样,那么顺序应该是:飞机头朝上—左—右—前—后—飞机头朝下(见图2-3-44)。

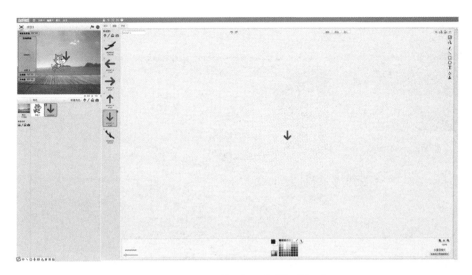

图2-3-44　修改图案排列顺序

17　接下来回到脚本区域,设定飞机图案的大小(见图2-3-45)。

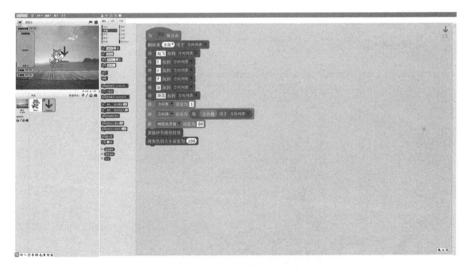

图2-3-45　设定图案大小

18　刚才导入了各个方向的箭头,目的是让箭头能够提示RoboMaster TT的飞行方向,所以需要将它的造型和列表中的内容进行绑定。因为图片的顺序和往列表中加进"糖"的顺序一致,所以只要设定"将造型设定为方向数"即可

（见图2-3-46）。

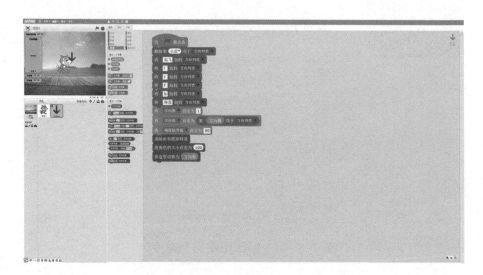

图2-3-46　动态修改造型

19　再调整一下图案的位置,并让它显示出来(见图2-3-47)。

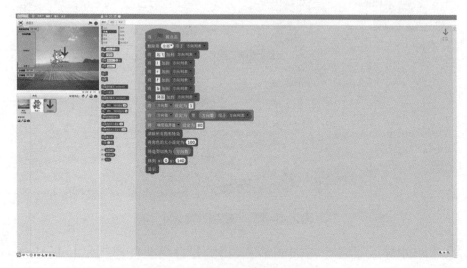

图2-3-47　调整图案位置

20　我们向RoboMaster TT发送的指令可以通过声音长短或者单双次声

音指令来控制。这里为了便于理解，我们使用长短声音指令来控制。

在RoboMaster TT起飞前,定义接收到长时间的语音(持续时间>1秒)才开始起飞操作,以防止因外界环境发出的声音导致错误起飞(见图2-3-48)。

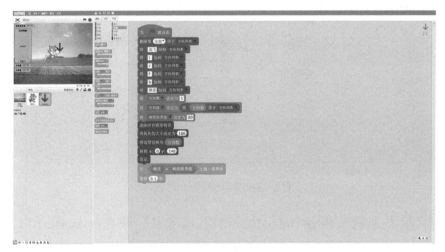

图2-3-48　侦测响度

从逻辑上说,准备工作完成之后的程序需要等到接收到语音指令才能继续运行,所以换成程序语言来说,应该是"在……之前一直等待"。

21 那么如何判断发出的声音是一段长时间的语音呢？可以这样判断:当程序侦测到一次达到临界值的声音之后,开始计时,当计时到达1秒的时候如果这个声音还大于临界值,那么就判定是长时间的声音信号。这里使用到了"侦测"模块中的"计时器"积木(见图2-3-49)。

图2-3-49　使用计时器

22 接下来就应该让RoboMaster TT起飞啦！在 RoboMaster TT起飞之前，要记得广播一下起飞消息哦！这样其他的模块才能知道RoboMaster TT已经起飞了，可以向它发出指令啦（见图2-3-50）！

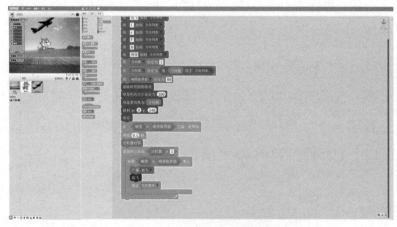

图2-3-50　发出起飞指令

23 现在无人机就可以起飞啦！但是程序还有一个问题，现在判定长时间语音的方法是先一直检测是否接收到超过临界值的声音，然后开始计时；那么,如果发出的本来就是一段短时间的语音指令,程序就堵塞住了,无法继续完成后续的语句。所以要在外面加上一层"重复执行"积木,让这段检测的指令一直执行到RoboMaster TT起飞(见图2-3-51)。

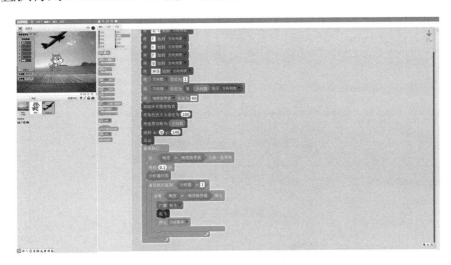

图2-3-51　重复执行外壳

24 为了清楚地表明起飞的信号已经发送给RoboMaster TT了,可以在发送指令之前播放一段声音(见图2-3-52)。

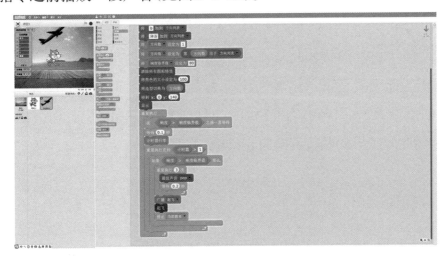

图2-3-52　播放声音

任务四：实现无人机切换方向功能

1   在RoboMaster TT起飞之后，除了播放声音，还有一些其他的事件要处理，别忘记哦！首先让飞机的图案闪烁一下，这样在正式运行程序的时候看到闪烁的飞机，就知道RoboMaster TT已经起飞啦（见图2-3-53）！

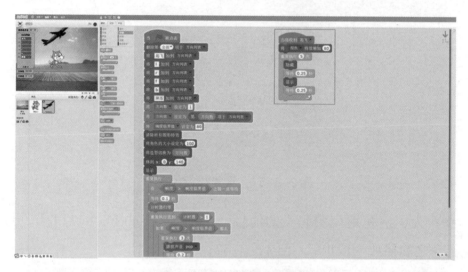

图2-3-53　设置闪烁图案

2   因为接收的是RoboMaster TT起飞的信号，所以方向数的值就不再是1了（因为起飞就是第1颗"糖"，同时无人机也只能起飞一次），所以我们将方向数的值设为2，同样我们让飞机的造型变成第"方向数"（此时方向数表示2）个，表示此时飞机的翻转方向向左（见图2-3-54）。

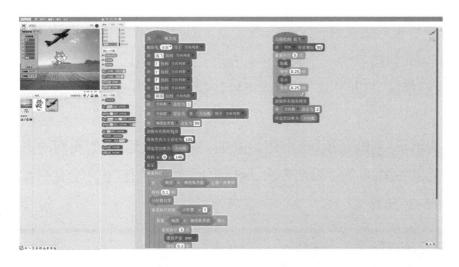

图2-3-54　重新设定方向数

3　在RoboMaster TT起飞之后,就可以开始准备进行声音控制啦! 根据我们之前的项目效果,使用短声音指令切换飞机的翻转方向以及飞机飞行方式,使用长声音指令控制飞机向规定方向进行一次翻转。现在我们来实现这个功能。首先需要引入一个新变量"判断长短"帮助我们判断长短声音指令,明确后续指令执行(见图2-3-55)。

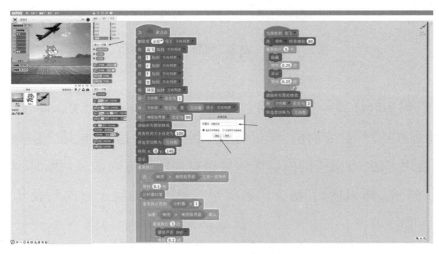

图2-3-55　新建变量

4 当我们接收到一个短的声音指令的时候,我们让"判断长短"的值为1;同样,当我们接收到一个长的声音指令之后,我们让"判断长短"的值为2。这样,我们根据"判断长短"的值就可以让程序明白当前接收到的是哪种声音指令。

首先给予"判断长短"一个初始值0。要注意的是,因为我们的声音指令不只是发出一次,可能会发出多次,所以要用"重复执行"积木套住后续的程序哦(见图2-3-56)!

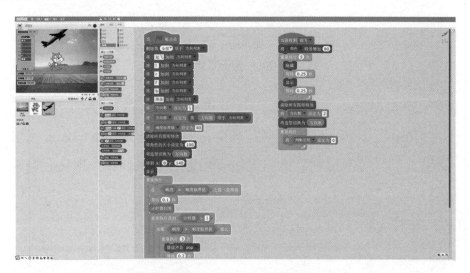

图2-3-56 设定"判断长短"初始值

5 因为后续程序需要根据"方向值"的内容判断RoboMaster TT的飞行动作,所以在这里为"方向值"赋值(让它等于某一个值)。根据之前介绍过的列表的使用方法,方向值的内容应该要根据当前的方向数来判断是列表中的哪一颗"糖"的,所以使用"将方向值设定为第方向数项于方向列表"(见图2-3-57)。

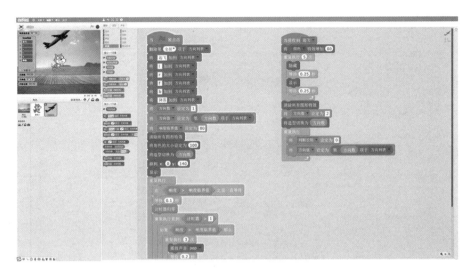

图2-3-57 重新设定方向数

6 ▶ 之后就可以开始进行短的声音指令的判断啦！和起飞信号一样,起飞之后RoboMaster TT应该在悬停等待声音指令,所以程序逻辑也是在接收到超过临界值的声音之前一直等待(见图2-3-58)。

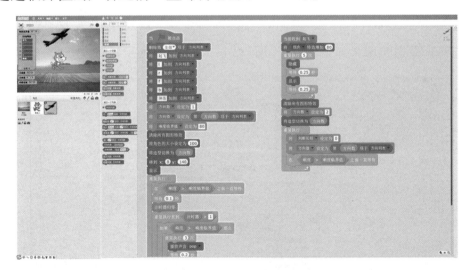

图2-3-58 检测响度

7 ▶ 接收到一次超过临界值的声音的时候,首先让"判断长短"的值加1,

表示是一个短的声音指令(见图2-3-59)。

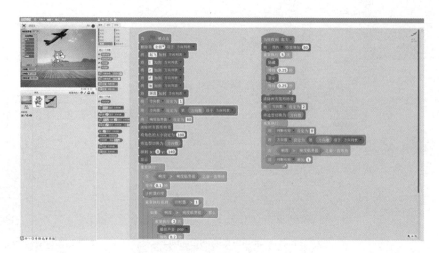

图2-3-59　修改"判断长短"变量

8　接下来就应该让RoboMaster TT执行飞行动作了吗？当然不是啦！因为长的声音指令一定会触发短的声音指令程序，所以需要首先判断是不是长的声音指令，然后再决定是执行长的还是短的声音指令。接下来使用计时器，开始准备判断是否是长的声音指令(见图2-3-60)。

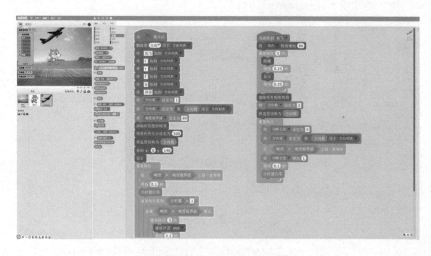

图2-3-60　设定计时器

9 设定计时器时长为2秒(见图2-3-61)。

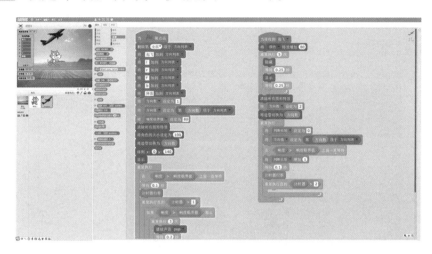

图2-3-61　计时2秒

10 到2秒的时候,如果声音依然大于临界值,那么说明这是一个长的声音指令,应该让"判断长短"的值变成2(见图2-3-62)。

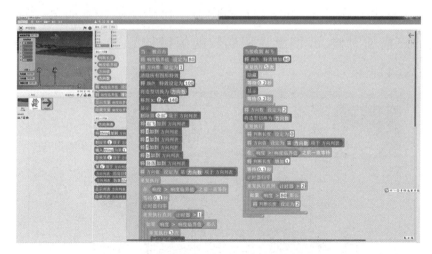

图2-3-62　再次检测响度

11 接下来就可以判断"判断长短"的值啦! 如果"判断长短"=1,那么说明是一个短的声音指令,那么就向其他程序部分广播"切换方向";如果"判断长短"=2,那么说明是一个长的声音指令,那么就向其他程序部分广播"执行指令"(见图2-3-63)。

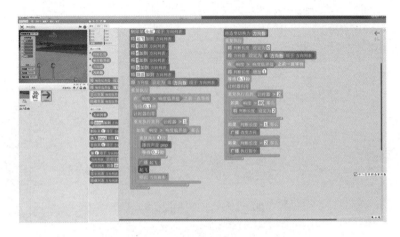

图2-3-63　判断"判断长短"的值

12 现在切换方向的信号和执行翻滚的指令都已经能够向其他部分发出啦! 接下来我们先实现切换方向的功能。这个功能非常简单,当接收到切换方向的广播的时候,我们就让方向数的值增加1,造型也可以一起变化哦(见图2-3-64)!

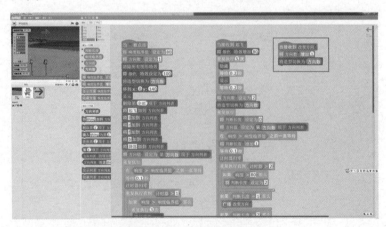

图2-3-64　改变方向数

13 因为方向列表的长度只有6,如果方向数的值大于6时,程序就会出错了,怎么办呢？聪明的你一定想到啦！如果方向数的值大于方向列表的长度,只要将方向数的值重新变回到2就可以了(见图2-3-65)!

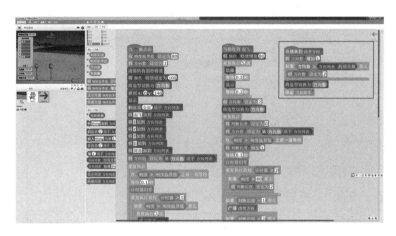

图2-3-65　重置方向数

14 这样一来就实现了切换无人机翻滚方向的功能。不过RoboMaster TT现在还无法根据切换的方向进行翻滚,下一个任务就是实现无人机的翻滚飞行动作!

任务五:实现无人机翻滚等功能

1 RoboMaster TT实际的翻滚动作,是在接收到长语音指令之后才能完成的,所以首先就要接收上一个部分广播的"执行指令"的信息,接收到信息之后,可以让飞机图案(或箭头图案)闪烁一下,表示已经接收到信号啦(见图2-3-66)!

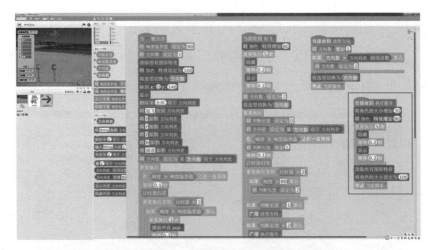

图2-3-66　设定执行指令图案闪烁

2 接下来就应该让RoboMaster TT按照指令进行动作啦！首先要判断方向数的值是不是等于6。等于6就说明发送过来的指令是降落。考虑到如果不是降落的话还要判断实际的方向值,所以我们使用的指令应该是"如果……否则……"。注意:降落之前要广播降落消息哦(见图2-3-67)!

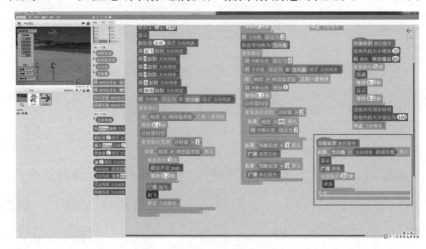

图2-3-67　执行降落指令

3 如果方向数的值不是6的话,说明发送过来的是一个翻滚指令,让RoboMaster TT直接根据当前的方向值翻滚就好啦(见图2-3-68)!

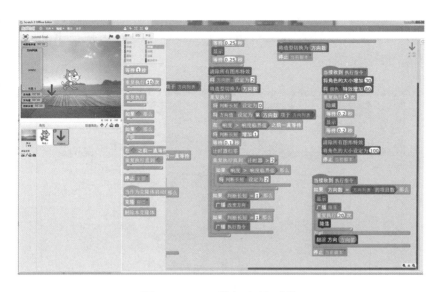

图 2-3-68　执行翻滚动作

4 降落时飞机图案的特效会被之前的指令干扰,所以在降落状态时要停止其他脚本的运行,这时需要在广播降落之前用"停止角色的其他脚本"积木完成这一功能(见图 2-3-69)。

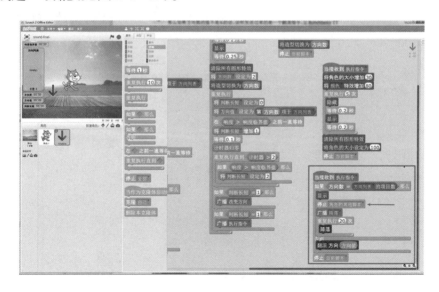

图 2-3-69　"停止角色的其他脚本"积木

5　另外,还可以使用键盘上的"↑"键和"↓"键来控制RoboMaster TT上升和下降(见图2-3-70)。

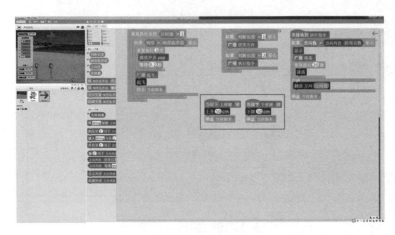

图2-3-70　键盘控制

6　到这里,程序已经可以正常运行了,但是还有一些收尾工作要做。在左边的舞台区,列表和各个变量都显示在舞台中,十分影响我们查看信息,所以需要把一些不需要随时查阅的变量隐藏起来。右键点击舞台区的列表,选择隐藏(见图2-3-71)。

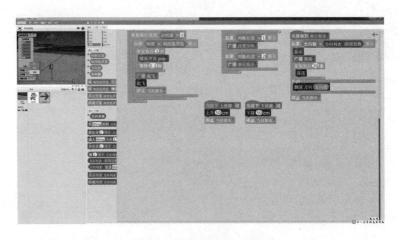

图2-3-71　隐藏列表

7 以同样的方式,可以把响度临界值、方向数、判断长短都隐藏起来(见图2-3-72)。

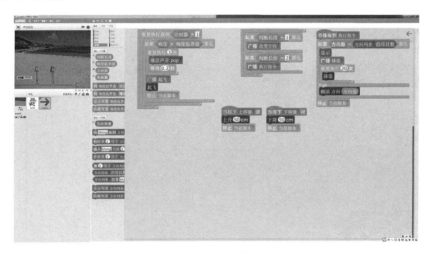

图2-3-72　隐藏变量

8 因为RoboMaster TT设定了电量低于50%就无法执行翻滚动作,所以为了便于随时确认电量,可以在"更多积木"的最下方找到电池电量,单击"电池电量"前面的小方框,就可以在舞台区看到RoboMaster TT的电量啦(见图2-3-73)!

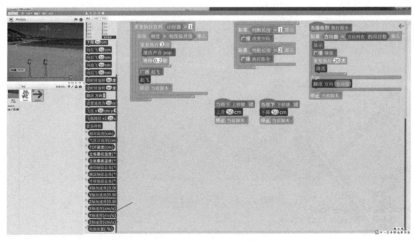

图2-3-73　加入"电量"显示

9 实时的响度信息也是我们需要确认的,在"侦测"模块中找到"响度"积木,和电量一样,点击前面的小方框就可以在舞台区看到啦(见图2-3-74)!

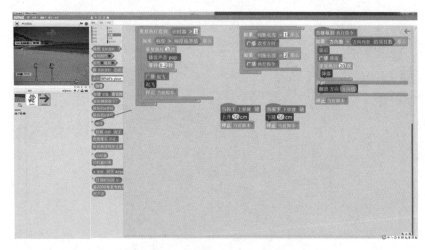

图2-3-74 加入"响度"显示

10 然后拖动舞台区的三个变量放在舞台的左上角避免干扰(见图2-3-75)。

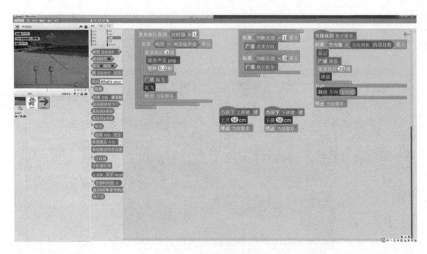

图2-3-75 调整位置

11 右键点击舞台区的响度,选择大屏幕显示可以把文字隐藏起来,只显示数字。其他两个变量也是一样(见图2-3-76、图2-3-77)。

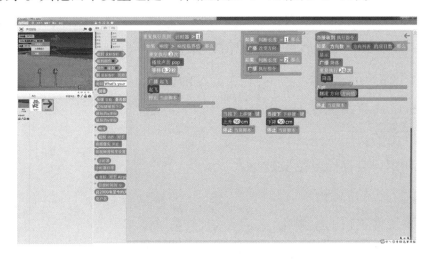

图2-3-76　大屏幕显示变量

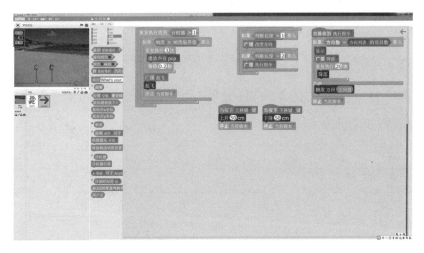

图2-3-77　调整另外两个变量

12　这样,我们就完成了用声音控制RoboMaster TT进行翻滚飞行的所有任务啦! 赶紧带上RoboMaster TT去空旷的地方,按下小绿旗,用声音控制它飞行吧!

4.我们学到了

这个项目和上一个项目的难度相差较大,无论是整个程序涉及的模块数量还是单个模块的语句数量都有较大幅度的提升,这个项目主要学习了:

(1)Scratch素材的导入;

(2)画笔的使用;

(3)利用列表存储及读取数据;

(4)无人机的控制语句;

(5)系统性项目的模块化。

扫码查看
完整编程
视频

在完成了这个项目之后,根据项目中自己的表现,给自己打个分吧!

(1)我成功地通过Scratch编写程序实现了RoboMaster TT根据声音控制翻滚方向。

☆ ☆ ☆ ☆ ☆

(2)本项目中实现的是无人机的翻滚动作,如果想把翻滚动作换成飞行动作,程序应该如何修改?

如果在操作中遇到了问题,不要着急,看看下面的 Q&A 中有没有解决方案!

Q1:为什么 RoboMaster TT 不能进行翻滚动作?

A1:RoboMaster TT 系统设定电量低于50%就无法进行翻滚动作,因此遇到这种情况,请先检查电量是否充足。

Q2:为什么 Scratch 中的翻滚积木不是"翻滚( )"而是"翻滚"?

A2:当你使用官网下载的最新 Tello.e2s 时会出现这种情况,建议使用本书提供的 Tello.e2s 文件,本书提供的 Tello.e2s 进行了小幅度修改。

Q3:RoboMaster TT 的电池续航时间较短,如果一边编程一边开机,RoboMaster TT 很快就没电了,怎么办?

A3:本书建议先在 Scratch 中进行程序编写,编写完成之后再将 RoboMaster TT 开机并与计算机进行连接,连接的步骤为:

(1)将 RoboMaster TT 开机并置于空旷的场地;

(2)连接 RoboMaster TT 的 Wi-Fi 信号;

(3)找到 Tello.js 文件,在该文件所在的位置按住键盘上的 Shift 键的同时点击鼠标右键,点击"在此处打开命令窗口";

(4)在命令提示符窗口中输入"node Tello.js",如果此处提示"node"不是内部或外部指令,请重新安装 nodejs 并重启电脑,再次从(1)开始。

四、嘘！别出声！

1. 讲个小故事

曹先生觉得自己头发都要掉光了。

他愁啊！上个星期，一个精壮的男人来到了他的公司，签了一个大单，想让他们公司帮忙开发一款可以在高原雪山上进行探索的无人机。

"这还不简单呐，哪个无人机不能在高山上飞呀，还专门开发个啥！"曹先生拍着肚皮，对着主任嘿嘿地笑。

"高原上吸吸气都费劲，哪来的力气操作这么精细的无人机！"主任给了曹先生一个暴栗，把他赶出了办公室，远远地还传来一声，"想不出来方案，就别想要奖金！"

他愁啊！一天到晚都在想怎么在高原上更加方便地操作无人机，饭也吃不好，觉也睡不好，眼见头发都变稀疏了。

"组长，要不试试声控？"一个同事小心翼翼地给了个建议。

"我也想过声控了，高原雪山上，那不是可能引发雪崩嘛。"曹先生挤出一个比哭还难看的笑来。

"组长，你试试体感控制呀，你看现在啥玩意儿不能进行体感控制呀。"另一个同事突然说道。

"对呀，我咋没想到呢！"曹先生一拍大腿，飞快地打开了电脑。

总之，他的头发和奖金保住了。

2.我们的目标

借助 Scratch 的声音识别功能，上一个项目实现了通过声音控制 RoboMaster TT 起降，在这个项目中，将更进一步，利用 Scratch 的视频识别功能，实现手势控制 RoboMaster TT 起降及翻转。本项目主要的目标包括：

(1)根据需求分析程序所需要的各个模块及其功能要求；

(2)拆解程序模块并在 Scratch 中用程序实现。

扫码查看
飞行效果

3.我们怎么做

根据项目的目标，一共可以把整个项目分为五个小任务。
第一个任务中，大家将分析手势识别需要设计多少程序模块才能实现目的；第二个任务和第三个任务中，大家需要把简单的模块先行实现出来；在最后的两个任务中，将主要分析并实现手势控制起降和切换翻滚方向的功能。

任务一：分析程序所需模块

1 首先我们设想一下手势控制 RoboMaster TT 的完整流程，分别是手势控制 RoboMaster TT 起飞→起飞后悬停等待指令→手势控制 RoboMaster TT 翻滚→翻滚后继续悬停→结束，如图 2-4-1 所示。

图2-4-1　手势控制 RoboMaster TT 的完整流程

2 根据图 2-4-1，我们可以分析：在 RoboMaster TT 起飞阶段，需要一个提示界面，以提示我们 Scratch 已经成功识别到手势，即将发送信号给 RoboMaster TT，因此，首先需要一个路线提示模块；其次，观察流程发现，RoboMaster TT 悬停和翻滚之间是循环关系，而 RoboMaster TT 起飞在整个流程中只执行一次，所以还需要一个启动模块，用来开启电脑的摄像头并发送起飞信号给 RoboMaster TT；然后，在 RoboMaster TT 悬停至翻滚阶段中，为了让 Scratch 能够捕捉到手势动作，需要一个翻滚方向指示模块，这样只有当手势触碰到这个方向时，Scratch 才能接到信号并且向 RoboMaster TT 发送翻滚指令；有了这三个模块，已经可以初步实现无人机在某一条水平线上翻滚，但是对于无人机运动来说，在垂直线和水平线上运动的叠加才是完整的无人机运动模式，所以还需要一个模块来调整 RoboMaster TT 的运动方向，可以把这个模块简单称为方向切换模块。各模块的主要功能如图2-4-2所示。

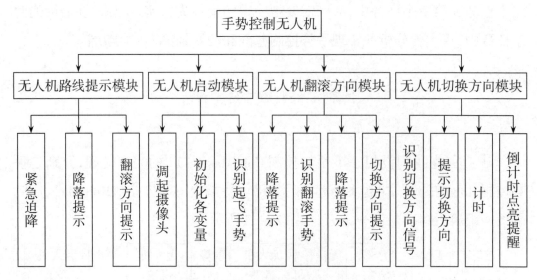

图2-4-2 各模块的主要功能

任务二：实现无人机路线提示模块

1 任务二主要根据功能实现无人机路线提示模块。从图2-4-2中可以看出无人机路线提示模块主要有三个功能，分别是紧急迫降、降落提示以及翻滚方向提示。所谓紧急迫降，指的是当手势控制等功能由于各种原因无法实现的时候，通过电脑按键迫使RoboMaster TT降落。首先我们需要一个角色代表RoboMaster TT。

点击新建角色，选择任意一个角色（或直接使用默认的黄色小猫也可以），本书选择使用飞机图案（见图2-4-3）。

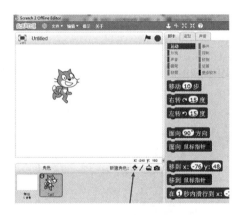

图2-4-3　新建角色按钮

新建角色之后，把默认的黄色小猫删除（见图2-4-4）。

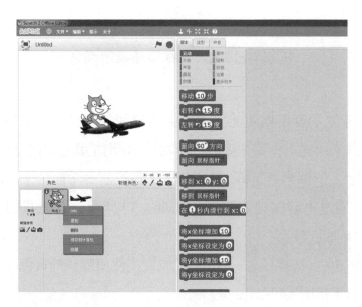

图2-4-4　删除默认图案

2 程序开始之后,先设定角色的旋转模式,通过设定旋转模式,我们可以实现当RoboMaster TT接收到向左翻滚的信号时,面朝左方;反之则面朝右方(见图2-4-5)。

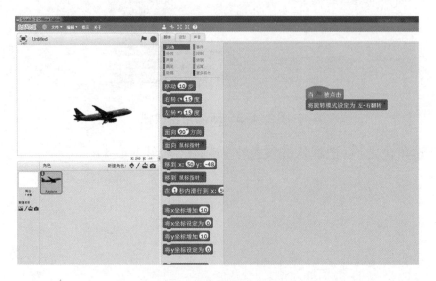

图2-4-5　设定旋转模式

3 然后再设定图案的大小、位置和朝向(见图2-4-6)。

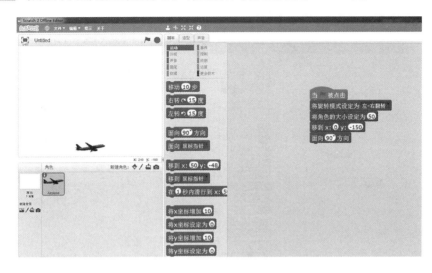

图2-4-6　修改图案大小等信息

4 考虑到后续该图案可能会隐藏起来,所以加上显示积木(见图2-4-7)。

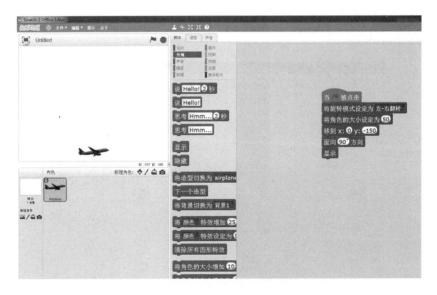

图2-4-7　显示积木

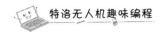

5 作为模块的核心功能之一,紧急迫降要求若按下某一个按键,则向 RoboMaster TT发送降落指令(见图2-4-8)。

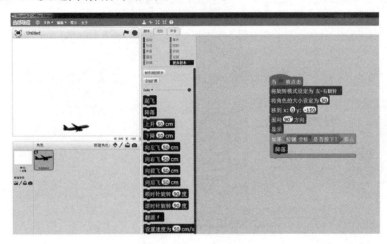

图2-4-8 检测空格是否按下

这样一来,就实现了按下空格键RoboMaster TT降落。但是这个指令现在只能执行一次,我们希望在RoboMaster TT的整个运行过程中都能够实施监测并可实现紧急迫降,那么应该怎么办呢? 可以在外面套上一个重复执行积木(见图2-4-9)。

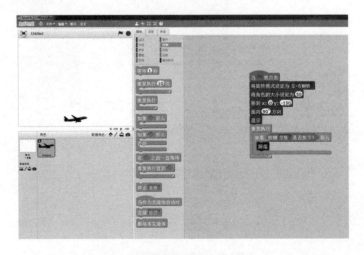

图2-4-9 增加"重复执行"积木

现在虽然已经实现了紧急迫降的功能,但是当RoboMaster TT接收到了降落信号时,Scratch上的各个模块也需要知道RoboMaster TT现在已经降落了,不能再向它发送运动指令了,所以要让所有的模块都接收到RoboMaster TT降落的信息(见图2-4-10)。

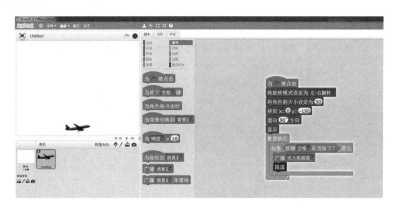

图2-4-10　广播降落消息

6　作为无人机路线提示的重要模块,无人机路线指示模块本身也需要对RoboMaster TT的降落指令进行提示(见图2-4-11)。

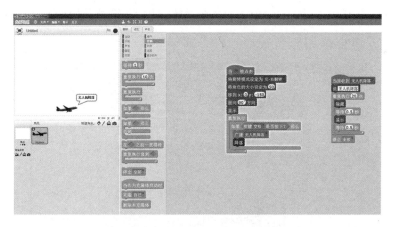

图2-4-11　闪烁提示降落

7　除了紧急迫降和降落提示功能之外,无人机路线提示模块的另一个核心功能就是翻滚方向指示。翻滚方向指示的意思是当RoboMaster TT接收到向某一边翻滚的指令之后,屏幕上的指示图案(小飞机)就面朝某一方向移动。以朝左飞行为例,首先假设RoboMaster TT翻滚方向模块广播了向左翻滚的消息,那么首先指示图案(小飞机)应该面朝左边,同时播放一个提示声音(见图2-4-12)。

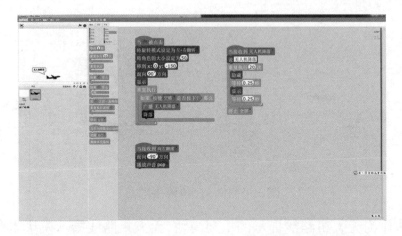

图2-4-12　接收到向左翻滚指令时改变图案并播放声音

8　然后可以让指示图案向左上方移动,用来提示RoboMaster TT准备向左翻滚(见图2-4-13)。

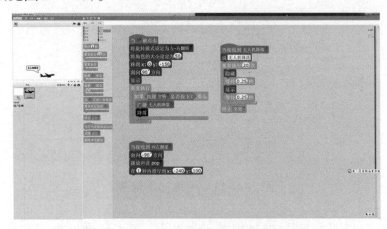

图2-4-13　移动指示图案

9 但是指示图案飞到左上角之后一直都停在那里,容易挡住我们的视线,那该怎么办呢？让它到达之后隐藏起来就好啦(见图2-4-14)！

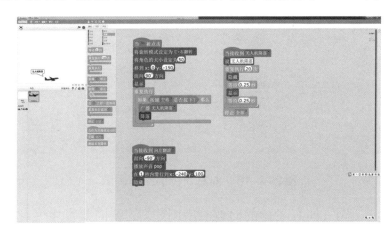

图2-4-14 隐藏指示图案

10 千万别忘了让指示图案回到初始的位置！最后,要选择"停止当前脚本"哦,否则程序就结束啦(见图2-4-15)！

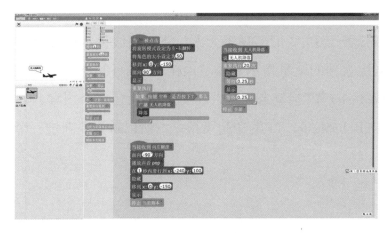

图2-4-15 停止当前脚本

11 如果RoboMaster TT收到向右飞行的指令,该怎么办呢？聪明的你一定知道怎么写了吧！动手试一试(见图2-4-16)！

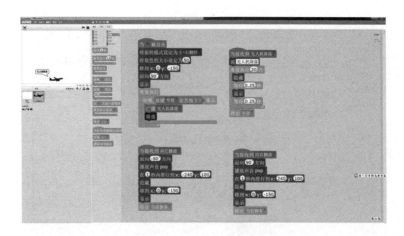

图2-4-16　向右飞行的图案提示

千万别忘记了,朝右飞行的时候,指示图案的朝向要发生变化,滑行的具体位置也会发生相反的变化哦!

任务三:启动无人机模块

1　在任务二中,我们实现了无人机飞行路线提示模块,现在Scratch已经能够根据接收到的消息指示RoboMaster TT飞行的路线了,那么下一步就应该把RoboMaster TT启动起来啦!大家可以设定一个图案,当手势触碰到它的时候,向RoboMaster TT发送起飞指令。所以首先要新增一个角色(见图2-4-17)。

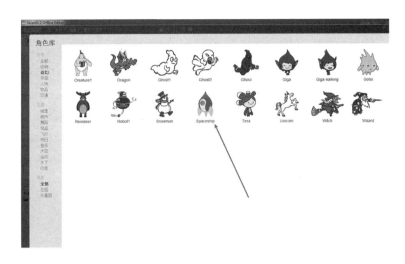

图2-4-17　新增一个角色

2 选中这个角色，从现在起这个角色就是RoboMaster TT起飞的开关啦(见图2-4-18)!

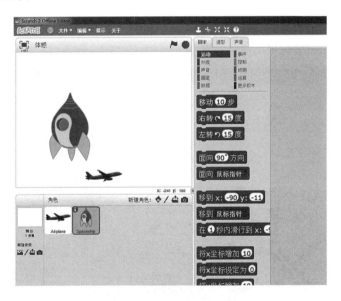

图2-4-18　选中新建角色

3 同学们还记得任务一中无人机启动模块主要功能吗？首先

RoboMaster TT 想要接收到起飞信号,需要Scratch向它发送起飞指令,那么 Scratch怎么知道什么时候发送起飞指令呢? 所以呀,我们需要打开电脑的摄像头,让摄像头能够看到你的手势(见图2-4-19)。

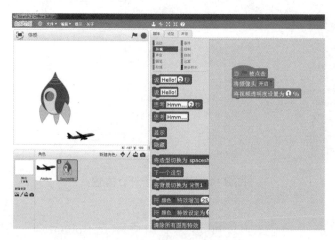

图2-4-19　开启摄像头

4　容易发现,这个角色大小太大了,而且放置的位置也很不合理。调整一下(见图2-4-20)。

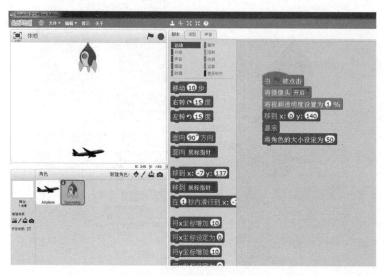

图2-4-20　修改提示图案位置

5 回想一下这个模块的功能,首先要初始化各个变量,让我们来分析一下我们会有多少变量吧!

(1)时间变量。时间变量是实现倒计时的变量,因为RoboMaster TT的电池电量限制,它的飞行时间不够长,而我们在飞行的时候如果过于投入导致忘记了时间,那无人机没电的时候就很危险了!所以我们设定一个时间变量"Time",然后再设定一个变量"T"为600,大致约等于RoboMaster TT的电池持续时长。

(2)方向变量。在项目中,RoboMaster TT一共有前后左右四个翻滚方向,而由于界面分布的原因,只能同时存在两个方向指示图标,所以每个方向指示都需要包含两个方向。我们设定两个变量,分别表示左、前和右、后(见图2-4-21)。

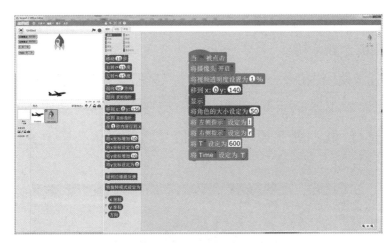

图2-4-21 新建两个变量

6 所有准备工作都做好啦,我们就可以发出提示:可以起飞(见图2-4-22)!

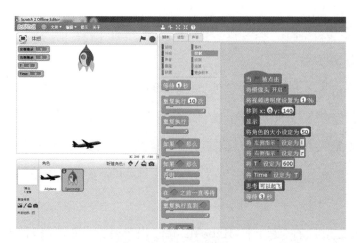

图 2-4-22　提示起飞

7　虽然程序提示可以起飞,但是起飞的语句还没添加,所以这一步就要开始调用摄像头,检测手势是否触摸到这个图标(小火箭)。这一步的逻辑是,在大家发出信号之前,摄像头应该一直待命,随时准备接受给出的信号,那么,应该使用哪个积木呢?

没错,应该使用"在……之前一直等待"!那么手势触摸到图标的程序应该怎么写呢? 本书给出手势触摸图标的程序是"视频(动作)对于(当前角色)>80"。这样,我们就实现了在给出信号之前摄像头一直在等待的功能(见图 2-4-23)。

图 2-4-23　设置摄像头一直等待

8 Scratch已经接收到我们给出的信号了,接下来应该干什么呢? 是向 RoboMaster TT发出起飞指令吗? 其实应该先发出一个声音,这样我们就知道程序已经识别到我们的动作啦! 首先我们添加一个新的声音,避免我们和之前的声音弄混(见图2-4-24)。

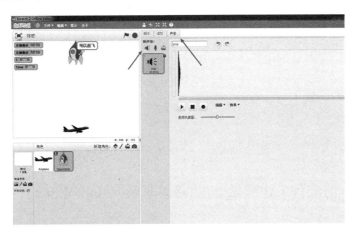

图2-4-24　添加一个声音

任意选择一个音效添加到舞台中(见图2-4-25)。

图2-4-25　声音添加完成

然后在程序中重复播放2次,每次播放后都要等待一下哦(见图2-4-26)!

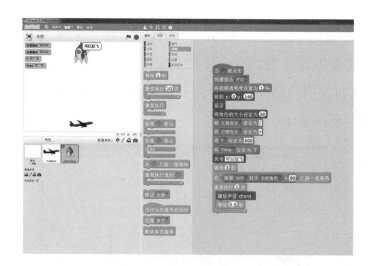

图2-4-26　在程序中播放声音

9 所有的准备工作都做好啦，接下来就向RoboMaster TT发出指令：起飞（见图2-4-27）！

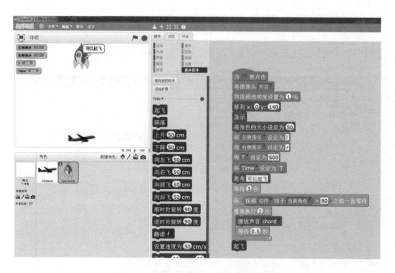

图2-4-27　可以起飞

10 向RoboMaster TT发出起飞指令就完成了整个模块了吗？当然没有哦！因为我们还要通知其他模块"无人机已经起飞啦"！你们可以开始向RoboMaster TT发送指令啦（见图2-4-28）！

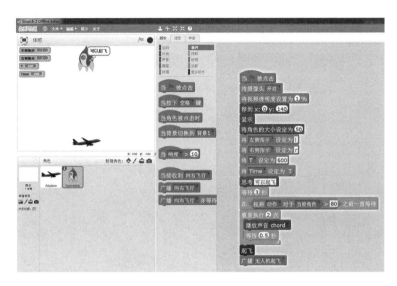

图2-4-28　广播起飞消息

11 同样，RoboMaster TT起飞之后，我们也要发出提示，告知电脑前的人，按下空格键可以让RoboMaster TT降落哦（见图2-4-29）！

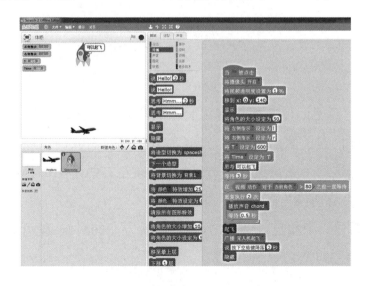

图2-4-29　提示按下空格键降落

12 RoboMaster TT成功起飞之后,无人机启动模块就暂时用不到了,所以要停止这个脚本。这样一来,无人机启动模块就完成啦(见图2-4-30)!

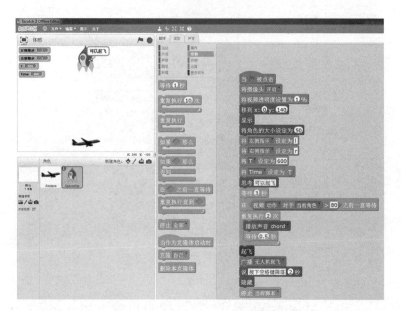

图2-4-30 完成无人机启动模块

任务四:实现无人机切换方向模块

1 同学们还记得前面初始化变量的时候分析过的方向变量吗? 每一个方向变量都代表了两个不同的方向(前、左和后、右),所以还需要无人机切换方向模块把这两个变量进行拆分:默认界面左右两个图标分别表示向左向右翻滚;通过手势切换为向前向后翻滚。

还是先新建一个角色,这样大家想要切换方向的时候,就可以用手势去触摸它(见图2-4-31)。

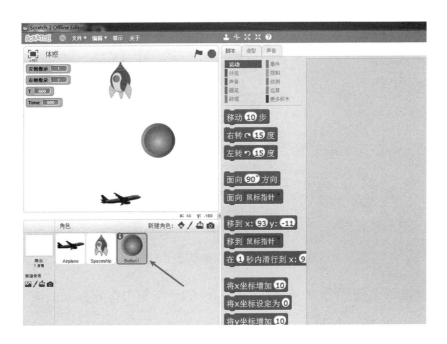

图2-4-31　再次新增一个角色

2 因为无人机启动模块的提示按钮在RoboMaster TT起飞之后就会隐藏,为了便于排布整个界面,我们可以让这个切换按钮也在最上面的位置(见图2-4-32)。但是在RoboMaster TT起飞之前,我们不需要切换无人机的翻滚方向,所以要先把它隐藏起来。

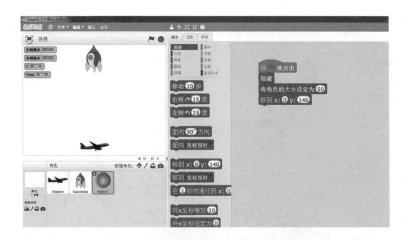

图2-4-32　设定角色大小位置

3　接下来需要建立两个列表(左侧方向列表和右侧方向列表),用来存放翻滚方向(见图2-4-33)。

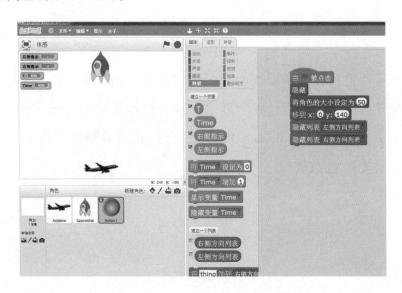

图2-4-33　建立两个列表

4　因为点击小绿旗开始程序,所以为了保证列表中都是空的,需要把这两个列表都清理一遍(见图2-4-34)。

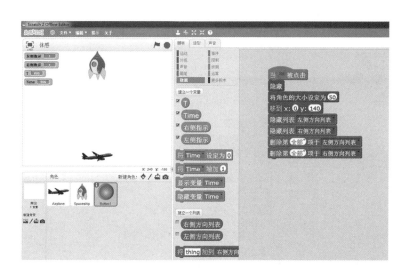

图2-4-34　清空两个列表

5 然后我们就可以把RoboMaster TT可能翻滚的方向添加到列表当中。以左侧方向列表为例，用"l"表示朝左，用"f"表示向前。右侧就用"r"表示朝右，用"b"表示向后。用"land"表示降落（见图2-4-35）。

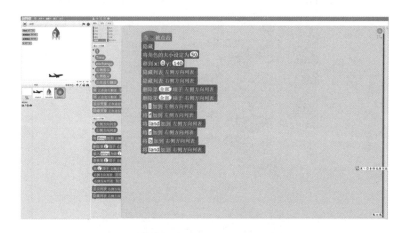

图2-4-35　向列表内添加翻滚方向

6 然后再设定一个变量叫作"exchange"，这个变量的意义在于把"l"变

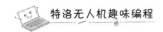

成"f",具体的变化方法后续再来实现。之后将"exchange"变量隐藏起来(见图2-4-36)。

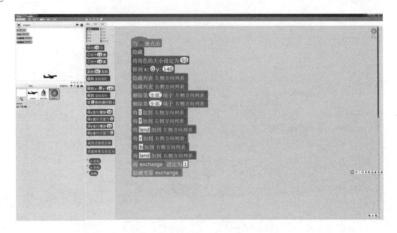

图2-4-36　设定exchange变量并隐藏

7　当点击小绿旗之后,就完成了列表和变量的初始化,最后停止当前脚本(见图2-4-37)。

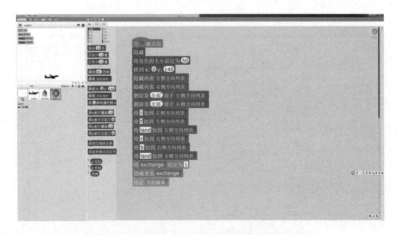

图2-4-37　停止当前脚本

8　接下来大家再次设定一下接收到切换方向的信号吧(见图2-4-38)!让图标闪烁三次,你会写了吗?

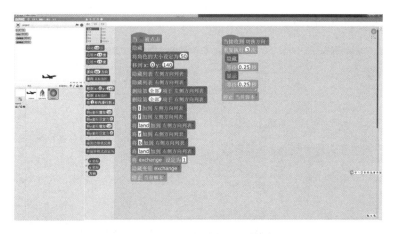

图2-4-38　闪烁提示切换方向

9　准备工作都完成啦，我们接下来就实现切换方向。首先大家需要知道，只有在RoboMaster TT起飞之后，大家才能进行方向切换，怎么知道RoboMaster TT是否起飞了呢？还记得无人机启动模块广播的"无人机起飞"消息吗（见图2-4-39）？

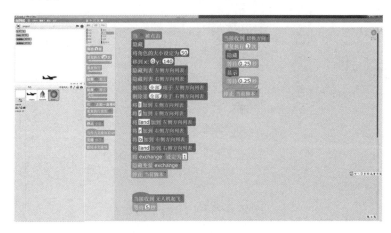

图2-4-39　接收起飞消息

10　在点击小绿旗之后，因为RoboMaster TT还没起飞，所以之前把指示图标隐藏起来了，现在已经确定RoboMaster TT起飞了，就可以把指示图标显示出来啦(见图2-4-40)!

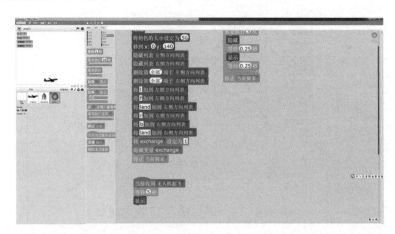

图2-4-40 显示图标

11 接下来就应该判断是否给出手势动作啦!还记得无人机启动阶段大家怎么写的吗(见图2-4-41)?

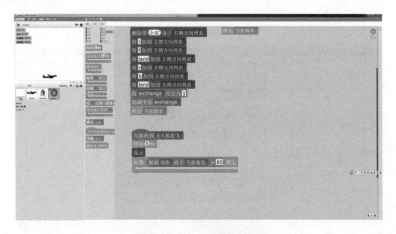

图2-4-41 检测手势

12 和之前一样,当摄像头成功识别到手势动作之后,可以让程序发出一个声音,提醒大家摄像头已经捕捉到了手势动作(见图2-4-42)。

提示:可以在"声音"选项中重新导入一个声音,本书使用的声音是"boing",

导入方法在前面的内容中讲解过,此处不再赘述。

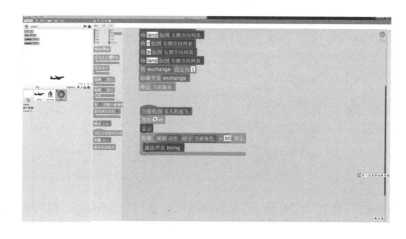

图2-4-42　播放声音

13 接下来就要用到之前定义的"exchange"变量啦！对于列表来说,最开始加进去的数据叫作第1项,第2个加进去的数据就叫作第2项。还记得一开始是怎么添加数据的吗？以左侧方向列表为例,第1项是"l",第2项是"f",第3项是"land",同时,我们在初始化的时候设定了"exchange"的值为1,同学们想到怎么把"exchange"和"左侧方向列表"结合起来实现切换方向了吗？

最开始的"exchange"是1,正好对应了列表的第1项,那么如果把"exchange"加1,此时"exchange"的值是2,是不是刚好对应了列表的第2项？用程序的语言来说就是"左侧方向列表的第'exchange'项"！你理解了吗？

所以如果想要切换方向,只需要把"exchange"变量加1,再把无人机启动模块中初始化的"左侧指示"变量设定为"左侧方向列表的第'exchange'项",这样的话只需要修改"exchange"的值就可以实现改变当前界面上的方向指示啦！右侧方向指示也是一样的哦(见图2-4-43)！

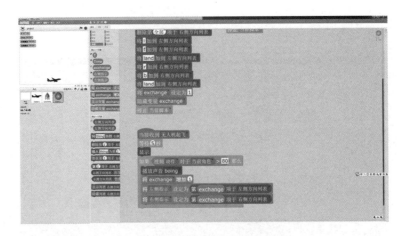

图2-4-43　修改"exchange"值并将指示变量与"exchange"值对应起来

14 但是程序现在有了一个问题：当大家第四次想要切换方向的时候怎么办呢？列表只有3项，第4项是不存在的！有什么办法能解决这个问题吗？聪明的你一定想到啦！在每次"exchange"增加完之后，可以判断"exchange"是否大于列表的项目数，如果大于项目数，那么就把"exchange"变回1，这样是不是就完美地解决这个问题啦（见图2-4-44）！

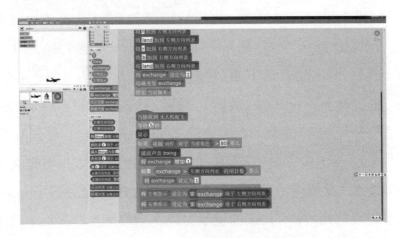

图2-4-44　设定"exchange"值大于项目数就变回1

15 当完成了变量的变化之后，就可以向其他模块广播切换方向的信号啦

（见图2-4-45）！表示"我已经处理好了方向，你们可以直接让无人机翻滚啦！"。

图2-4-45　广播切换方向消息

16　但是此时，整个程序只能执行一次切换方向，而根据最终的目标，只要触摸到这个"绿按钮"就能切换方向，所以还缺一步，要给整个识别过程加上"重复执行"指令，这样识别程序就能一直执行啦（见图2-4-46）！

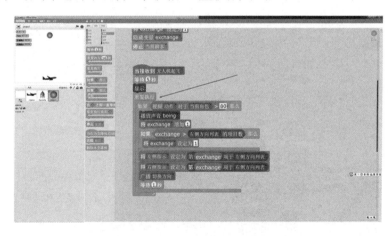

图2-4-46　增加重复执行指令

17　还记得无人机切换方向模块的主要功能有哪些吗？还有一个倒计时点亮提醒功能哦！

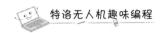

起飞之后，RoboMaster TT就开始消耗电量，所以可以从RoboMaster TT起飞就开始计时（见图2-4-47）。

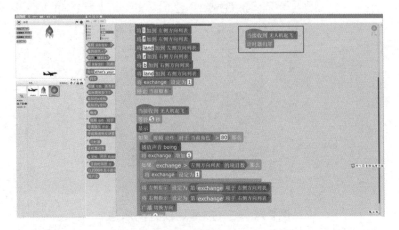

图2-4-47　接收无人机起飞消息

18　这个时候就可以把一开始初始化的时间变量T和Time拿过来用啦（见图2-4-48）！

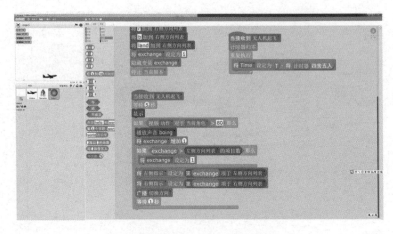

图2-4-48　设定计时器1

19　只有倒计时没有提示的话，大家在聚精会神观察RoboMaster TT的时候，可能会忘记观察倒计时，所以可以再设置一个提示消息。在剩余时间小于1分钟的时候,播放一个声音(见图2-4-49)。

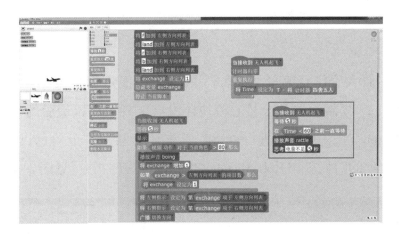

图2-4-49 设定计时器2

20 那么时间小于0之后呢？当然是要一直不断地闪烁提醒啦(见图2-4-50)!

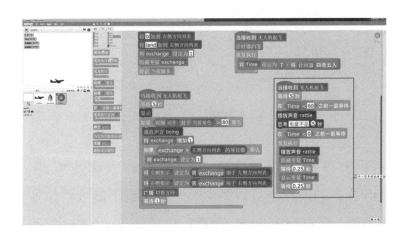

图2-4-50 设定计时器3

21 完成了以上步骤之后,无人机切换方向模块就算大功告成了！下一步就要实现让无人机根据手势进行翻滚动作啦!

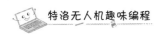

任务五：实现无人机翻滚方向模块

1 尽管大家已经编写了很多模块的程序,但是我们想要实现的手势控制RoboMaster TT翻滚这一个核心模块还没有实现！所以最后的任务就是实现RoboMaster TT根据手势进行翻滚！首先还是新建一个角色,这样当手触碰到这个角色的时候就向RoboMaster TT发送翻滚的指令(见图2-4-51)。

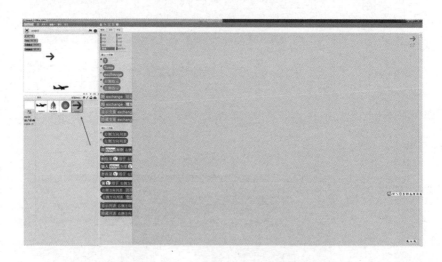

图2-4-51 新建一个方向指示角色

2 接下来以向左翻滚为例进行编程。大家先设想一个问题：RoboMaster TT在任何时候都可以翻滚吗？答案是不能哦！如果它还没有起飞,那怎么翻滚呢？所以翻滚功能一定要在RoboMaster TT起飞之后才能进行。我们要先接收无人机起飞的消息(见图2-4-52)。

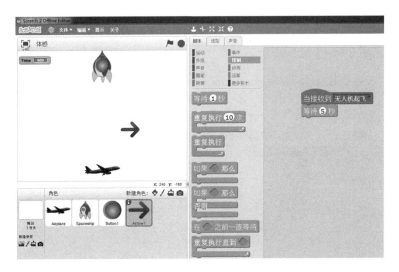

图2-4-52　接收起飞消息

3　和之前的提示图标一样,翻滚方向的箭头在RoboMaster TT起飞的阶段是不需要的,所以可以让它在RoboMaster TT起飞之后再显示,稍后会再增加一段程序,让它隐藏起来,记得显示之前把位置调整好哦(见图2-4-53)!

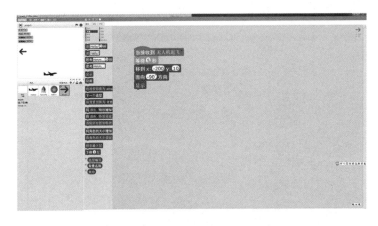

图2-4-53　设定角色大小位置

4　接下来,大家需要把"左侧指示"变量拖动到左侧箭头图案下方,这样就可以清楚地看到当前左侧箭头图案指的究竟是哪一个方向。之后可以鼠

标右键点击舞台区的"左侧指示"变量,设置成大屏幕显示,这样就看不到变量的名称啦(见图2-4-54)!

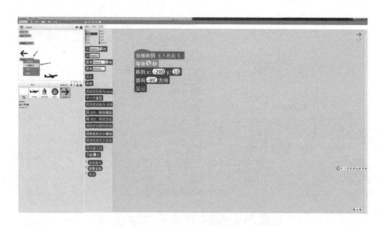

图2-4-54 大屏幕显示变量

5 现在方向指示已经准备好啦,接下来应该干什么呢? 当然是让它识别手势啦(见图2-4-55)!

写了好几遍,同学们一定记得怎么写手势识别啦!

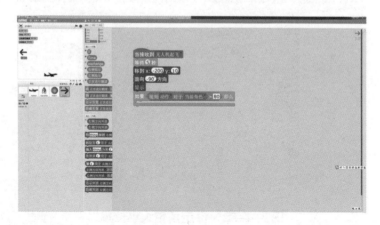

图2-4-55 检测手势

6 程序写到了这里,我们来问一个问题:RoboMaster TT翻滚是需要一定时间的,如果在它还在翻滚的时候发送指令,能有效吗? 当然是无效指令了! 所以,为了表示RoboMaster TT正在做翻滚动作,我们要设定一个变量,叫作"正在进行翻滚"。

注意:因为变量"正在进行翻滚"还没有设定初始值,不能使用,所以在进行检测之前就要给"正在进行翻滚"变量一个初始值:否(因为此时RoboMaster TT并没有在翻滚)(见图2-4-56)。

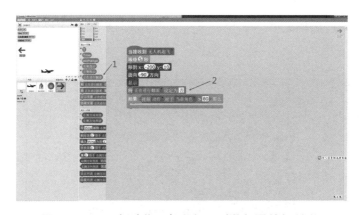

图2-4-56 新建"正在进行翻滚"变量并初始化

7 所以在检测手势的时候,是不是也应该一起判断RoboMaster TT是否正在翻滚呢? 这样我们才能确保把翻滚指令发送给RoboMaster TT(见图2-4-57)。

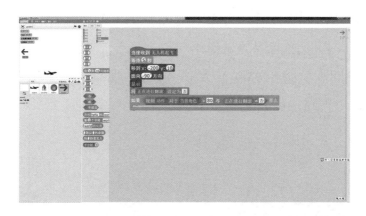

图2-4-57 检测手势的同时检测无人机是否正在进行翻滚

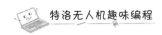

8 如果RoboMaster TT没有正在进行翻滚,而且我们发出了指令,那么接下来当然是让RoboMaster TT进行翻滚动作啦!不过,同学们还记得在上一个任务中定义切换方向列表的时候设定了几个变量吗?应该有三个变量,分别是"l""b"和"land"。"l""b"分别代表向左和向后,那么"land"就应该是降落了!所以,除了紧急迫降之外,正常手势降落的程序就应该在这里完成啦!降落之前别忘记给其他的模块发送广播,提醒其他模块无人机已经降落啦(见图2-4-58)!

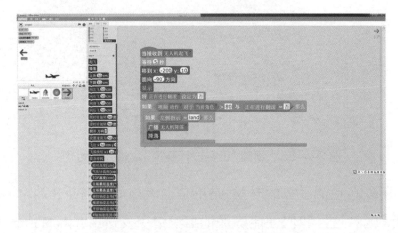

图2-4-58 当"左侧指示"的值为"land"时无人机降落

9 切换方向列表中除了降落还有其他的方向,接下来就应该书写其他方向的逻辑了。但是之前用的逻辑语句是"如果……那么……",没有留下给其他方向的空间啦!怎么办呢?大家可以把"如果……那么……"换成"如果……那么……否则……"(见图2-4-59)。

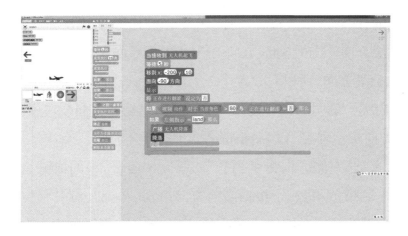

图2-4-59　将"如果……那么……"换成"如果……那么……否则……"

10　接下来就是让RoboMaster TT开始向左或者向后翻滚啦！在翻滚之前,大家应该先把刚才定义的"正在进行翻滚"变成"是",然后再向其他模块广播无人机翻滚的消息(见图2-4-60)。

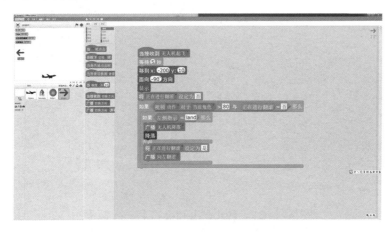

图2-4-60　广播向左翻滚消息

11　下一步就是向RoboMaster TT发送翻滚指令啦！在这里,大家需要理解RoboMaster TT的代码块在Scratch中的具体含义。"翻滚方向( )"这块积木总共有4个可能参数,分别是"l""r""f"和"b",分别表示RoboMaster TT向左、向右、向前、向后翻滚的意思。所以接下来的代码肯定是"翻滚方向( )",但是应该是翻滚方向(l)还是翻滚方向(f)呢？由于界面大小的限制,为了避免误触到错误的翻滚方向,所以只设置了2个方向标识,如何使用2个方向标识来表示4个方向呢？聪明的你一定想到了在无人机切换方向模块中我们曾经用到的"左侧方向指示列表"和"exchange"变量的组合啦!

当时大家把"左侧方向指示列表"的第"exchange"项的值赋给了"左侧指示",使得"左侧指示"变成了根据当前方向组别(左、前、右、后)变化的变量。简单来说,当没有触摸绿按钮(切换方向模块)时,左侧指示表示向左翻滚,触摸一次之后就变成了向前翻滚,再触摸就表示降落,第四次触摸又表示向左翻滚,如此反复。

所以在这里,只需要用"翻滚方向(左侧指示)"就可以啦(见图2-4-61)!

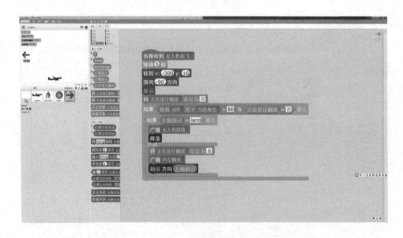

图2-4-61　RoboMaster TT进行翻滚

12　到了这一步,RoboMaster TT已经能够根据大家的手势进行翻滚啦!但是还有一些收尾工作要做哦!首先要让图标闪烁,提示各位RoboMaster TT接收到了翻滚信号(见图2-4-62)。

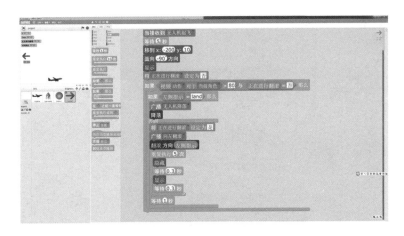

图2-4-62　翻滚完之后等待并闪烁

13 等待了这么久，RoboMaster TT的翻滚动作应该也完成啦！所以需要把"正在进行翻滚"的变量值重新变回"否"，为下一次翻滚做好准备（见图2-4-63）。

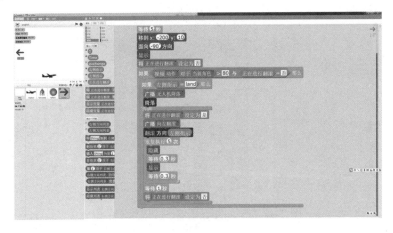

图2-4-63　设定"正在翻滚"为"否"

14 按照现在的程序逻辑，RoboMaster TT只能接收一次手势识别动作，而我们希望通过手势识别不停地操控它，怎么办呢？当然是使用"重复执行"积木，让识别动作连续进行啦（见图2-4-64）！

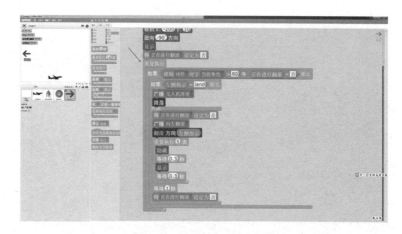

图2-4-64 为整个手势判断语句加上"重复执行"积木

15 接下来,就要处理一些提示性的工作啦!首先需要让方向指示图标在程序一开始先隐藏起来(见图2-4-65)。

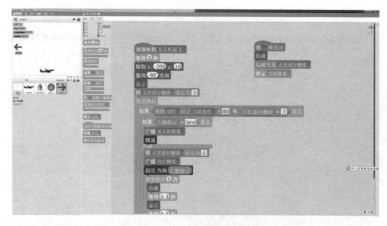

图2-4-65 隐藏正在进行翻滚变量

16 另外,RoboMaster TT降落的时候,要让方向指示图标闪烁一下(见图2-4-66)。

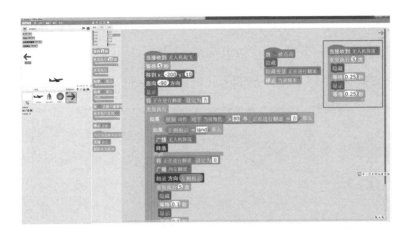

图2-4-66　识别降落信号

17 现在,通过手势控制无人机向左或者向前翻滚就已经实现啦。如果想让无人机向右向后翻滚,你能自己写出来了吗?

小提示:使用鼠标右键点击角色区的方向箭头图案可以直接复制一个包含代码的新角色! 复制之后可别忘了把原本方向向左的设置改成向右哦(见图2-4-67)!

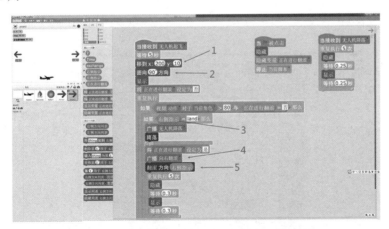

图2-4-67　另一个方向的翻滚程序(需新建角色进行)

18 最后我们再做一点点收尾工作。首先调整两个方向箭头的造型,现

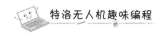

在箭头方向和实际运动方向可能并不一致。选中第一个方向箭头图案,点击"造型"按钮,选中第一个造型。如果你的程序和本书一样,那么只需要保证角色区的两个方向箭头与下图一致即可(见图2-4-68)。

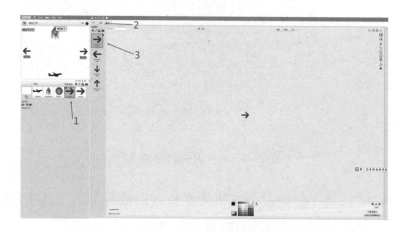

图2-4-68　调整箭头造型

19　在"造型"按钮旁边回到脚本区域。找到"更多积木"模块,勾选最下方的"电池电量",并在舞台区调整位置。

注意:右侧指示变量也要拖动到箭头下方哦(见图2-4-69)!

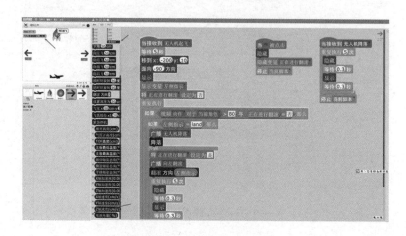

图2-4-69　增加电量显示

20 至此,完整的通过手势控制RoboMaster TT进行翻滚任务就已经完成啦! 赶紧启动RoboMaster TT试试看吧!

4.我们学到了

经过以上项目的训练,相信大家一定已经对使用Scratch控制RoboMaster TT有了更深刻的理解。使用Scratch扩展对RoboMaster TT的操控方法,对你而言已经不在话下啦! 祝贺你! 本项目中主要的学习内容包括:

(1)Scratch素材的导入;

(2)摄像头的调用及应用;

(3)利用列表存储及读取数据;

(4)无人机的控制语句;

(5)系统性项目的模块化。

扫码查看
完整编程
视频

在完成了这个项目之后,根据项目中自己的表现,给自己打个分吧!

(1)我成功地通过Scratch编写程序实现了用手势控制RoboMaster TT的翻滚方向。

☆ ☆ ☆ ☆ ☆

(2)你能直接写出判断摄像头是否识别到手势的语句来吗?

(3)本项目中实现的是无人机的翻滚动作,如果想把翻滚动作换成飞行动作,程序应该如何修改?

如果在操作中遇到了问题,不要着急,看看下面的 Q&A 中有没有解决方案!

Q1:为什么 RoboMaster TT 不能进行翻滚动作?

A1:RoboMaster TT 系统设定电量低于 50% 就无法进行翻滚动作,因此,遇到这种情况,请先检查电量是否充足。

Q2:为什么 Scratch 中的翻滚积木不是"翻滚( )"而是"翻滚"?

A2:当你使用官网下载的最新 Tello.e2s 时会出现这种情况,建议使用本书提供的 Tello.e2s 文件。本书提供的 Tello.e2s 进行了小幅度修改。

五、急速营救

1. 讲个小故事

"赤狼上尉,请带上无人机,立即赶往停机坪。通知重复一遍……"

正在健身的赤狼停下了手上的动作,随手抓起外套,走出房去。

五分钟后,停机坪。手提金属箱、正迈步踏上直升机的赤狼,听见无线耳机内突然传来声响。

"你好,赤狼上尉,我是这次行动的负责人,菲娜。"

"介绍任务。"赤狼将金属箱放到脚边。

"本次行动的目标是解救在A岛的人质,但A岛是通缉犯的大本营,地形复杂。我们需要你使用无人机自行规划路线探索A岛外围区域,找到危险地点,然后穿过A岛上藏有不少敌人的迷雾区,画出地图,确定人质的位置。"

赤狼取出金属箱内的电脑与无人机,做起了准备工作。

直升机慢慢降落在地面上,赤狼操纵着四架无人机往岛上飞去。在任务的第一阶段,他需要探索A岛外围已经明确了的地形。这个任务相对简单,只需要自行规划路线,让无人机绕着A岛飞一圈,将数据传回电脑,再将有危险的地方标注出来就行。

不一会儿,标记完成,赤狼提着金属箱靠近无人迷雾区。迷雾区探索任务的难点在于迷雾会让人看不清东西,一方面,这让赤狼不能直接控制无人机的飞行;另一方面,如果没有规划地在迷雾区乱飞,可能会被躲在里面的敌人发现。

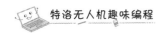

但这难不倒赤狼,作为顶尖的特种兵,他的无人机内加载了许多程序,足够解决这个问题。只见他自信一笑,果断地朝着迷雾内走去。

片刻后,十四军区。

正在忙碌的菲娜桌上,通信器突然叫了起来。

"菲娜,任务完成。"赤狼的声音从里面传来。

"好的,赤狼上尉,请立即返航。"菲娜挂断了通信器,嘴上这么说,心里却一直在琢磨他是怎么这么快完成任务的。

聪明的同学们,你们知道赤狼上尉是怎么办到的吗?

2.我们的目标

通过前面项目的学习,大家已经逐渐掌握了利用Scratch对RoboMaster TT进行控制的方法,一些RoboMaster TT自身不具备的功能也得以借助Scratch实现。当大家学习到这个项目的时候,如果之前的项目你都能够独立完成了,说明你对Scratch和RoboMaster TT都已经有了比较深刻的认识啦!祝贺你!在这个项目中,大家将要把之前学到的知识融会贯通,通过一个稍微复杂同时又非常自由的飞行任务,把之前学到的知识融合起来,完成一次"急速营救"。这个项目的最终目标,是根据一张地图,设定一条飞行路线,让RoboMaster TT按照设定好的路线进行飞行,然后选择一种非固定路线的飞行方式(声控、手势控制)进行飞行,为了完成这个非常复杂的飞行任务,阶段目标包括:

(1)根据RoboMaster TT的控制方法划分程序阶段;

(2)根据程序不同阶段的不同要求,对程序各个模块功能进行梳理,利用流程图、思维导图等方式梳理各个模块的功能;

扫码查看
飞行效果

（3）拆解程序模块；

（4）在Scratch中完成程序的编写。

3.我们怎么做

通过目标的描述，大家已经明确了这个项目的几个核心任务：（1）设定一条无人机飞行路线并实现它；（2）前一阶段的飞行结束之后，将无人机转换为声控或手势控制模式进行飞行。

第一阶段的飞行是根据地图设定飞行路线，地图如图2-5-1所示。接下来将对本次飞行任务以及地图做出说明。RoboMaster TT需要从地图下方的起点出发，飞行到左上角的终点。为了便于理解，图上不在路线上的各个景点、建筑的高度均设定为10米，也就是说，如果大家希望不按照公路（即地图上的线条）进行飞行的话，那么无人机高度就要上升10米；此外，为了增加大家编程的趣味性，我们规定，当无人机在公路上飞行时，高度不能高于10米。简单来说，就是我们不能让RoboMaster TT直接起飞升高10米然后在地图上随意飞行，每当RoboMaster TT遇到公路时它需要下降一定高度向前飞行一段距离（穿过公路），才能再次升高。

第二阶段紧接第一阶段，当RoboMaster TT到达终点之后，它就启动声控或者手势控制模式，进行一段时间的飞行之后再降落。在本书给出的教程中，我们选择手势识别的模式进行示范。如此一来，这个项目就被划分为7个小任务：（1）划分程序模块；（2）梳理模块功能；（3）设定并实现无人机飞行的第一阶段任务；（4）实现无人机路线提示模块；（5）实现启动手势识别模块；（6）实现无人机切换方向模块；（7）实现无人机飞行模块。

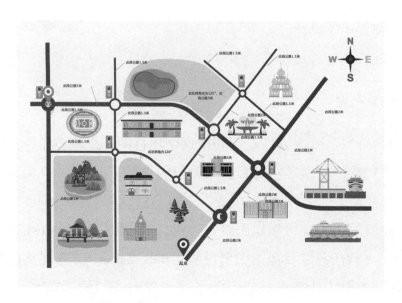

图2-5-1　无人机飞行路线图

任务一：划分程序模块

1 首先再次明确这个项目的飞行任务：规划路线—按照路线飞行—使用手势控制飞行。虽然这个项目比较复杂，但是使用的方法都是大家在前面的项目中已经学习并使用过的，因此并不困难。我们先根据飞行任务，使用流程图把飞行任务细化一下（见图2-5-2）。

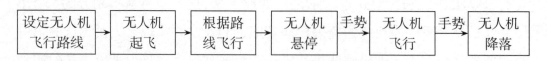

图2-5-2 飞行任务流程图

2 按照前面的飞行流程，可以分析：在RoboMaster TT飞行的第一阶段，我们需要一个界面，用来提示我们RoboMaster TT正在按照指定路线进行飞行；当到了RoboMaster TT飞行的第二阶段，就需要将RoboMaster TT切换到手势控制模式。大家还记得在上一个项目中手势控制需要哪些模块吗？没错，需要一个路线提示模块、无人机起飞模块、无人机切换飞行方向模块以及无人机飞行模块。需要注意的是，因为这次RoboMaster TT在结束第一个阶段的飞行之后并没有降落，所以我们的无人机起飞模块就不需要了，需要一个新的模块完成除了无人机起飞模块中起飞动作之外的其他功能，可以把这个模块称为启动手势识别模块。所以，在这个项目中总共需要的模块有：

(1)固定路线飞行模块；

(2)路线提示模块；

(3)启动手势识别模块；

(4)切换飞行方向模块；

(5)无人机飞行模块。

任务二：梳理程序模块功能

1 在上一个任务中，大家将这个项目的程序划分成了5个模块，为了便于之后的程序编写，还应该将各个模块的功能梳理清楚，如此一来，当所有的模块完成之后，整个项目的程序才能正常发挥作用。接下来我们使用思维导图的方式梳理各个程序模块的具体功能（见图2-5-3）。

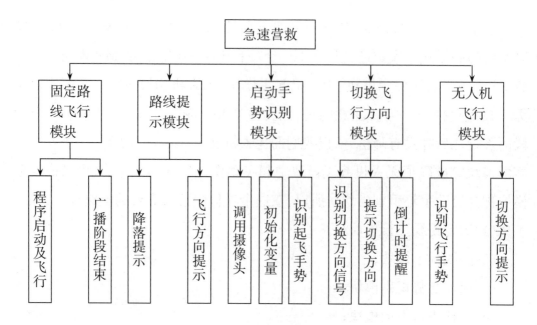

图2-5-3　程序模块的具体功能

任务三：实现固定路线飞行

1　经过以上两个任务，大家已经将程序的功能梳理完成，接下来就将进行具体的程序编写操作。首先要实现的是固定飞行路线，还记得在任务一中的飞行流程吗？首先我们需要规划飞行路线。在本书中，我们将按照地图上的公路路线进行飞行（不横穿建筑），路线如图2-5-4中箭头所示。

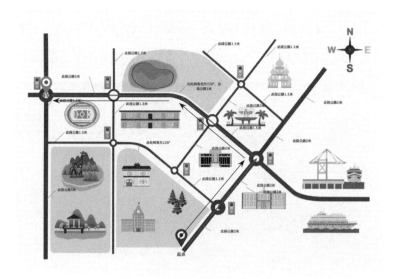

图 2-5-4　飞行地图

2 规划完路线,可以简单地把路线分为几段:前进—左转 90°—前进—左转 60°—前进。经过前面项目锻炼的你,现在能够在 Scratch 中完成这段程序了吗?

第一步当然是设定点击小绿旗让 RoboMaster TT 起飞啦(见图 2-5-5)!

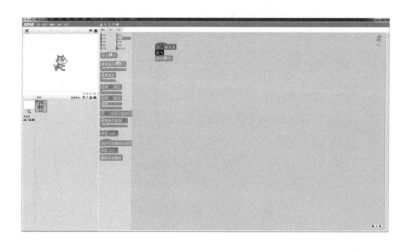

图 2-5-5　起飞

3 大家可以先完成"前进+左转"的第一段路线的程序。为了避免无人机丢失指令,记得在动作之间要使用"等待5秒"的语句哦(见图2-5-6)!

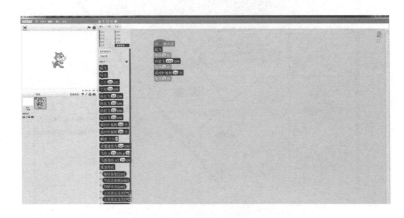

图2-5-6　左转

4 第二段路线依然是"前进+左转",但是角度和距离发生了变化(见图2-5-7)。

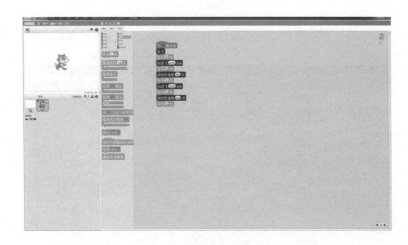

图2-5-7　第二段路线

5 最后只需要继续向前就可以达到地图上的终点啦(见图2-5-8)!

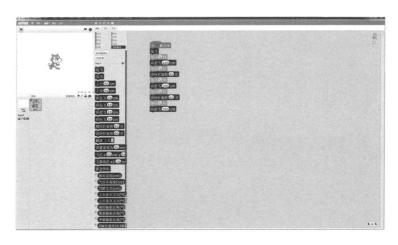

图2-5-8　到达终点

6　任务到这里就结束了吗？当然没有哦！还记在之前的项目中我们学习过的向其他模块传递消息的指令吗？在这个项目中,固定路线结束之后,RoboMaster TT就要开始准备转为手势控制了,所以当它到达地图的终点时,需要告知其他模块"我们已经完成任务啦"(见图2-5-9)!

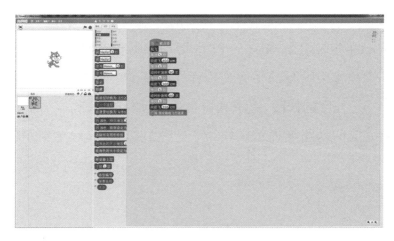

图2-5-9　广播固定路线飞行结束消息

7　最后,需要把这个界面隐藏起来,为接下来实现无人机路线提示模块做好准备(见图2-5-10)。

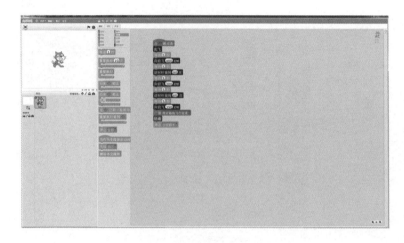

图2-5-10　隐藏界面

任务四：实现路线提示模块

1　在任务三中，大家完成了固定路线飞行，本项目的第一个阶段已经完成啦！如果合上本书，你能够独自编写前一段程序，说明你已经基本理解了如何使用Scratch控制RoboMaster TT进行动作啦！恭喜你！接下来，我们将在回顾上一个项目中编写的手势识别程序的基础上更进一步，对上一个项目的程序做出一定程度的修改，以求其符合这个项目的要求。

首先要完成的是路线提示模块，第一步当然是建立一个新角色啦！（见图2-5-11）

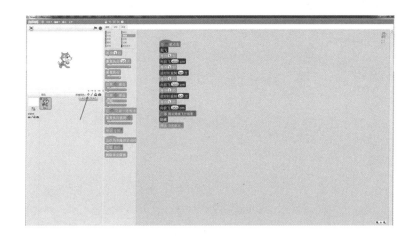

图2-5-11　新建角色

　　为了方便理解，我们依然选择这个"飞机"图形。双击"飞机"图形（或左键选中，点击右下角确定）就能把它加入舞台中（见图2-5-12、图2-5-13）。

图2-5-12　选择一个角色

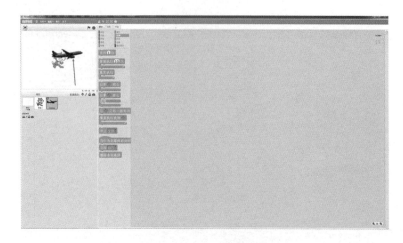

图2-5-13　选中角色

2 回想一下,路线指示模块包含的功能主要有紧急迫降、飞行方向指示以及降落提示,接下来大家就一步一步实现它们。现在的舞台区既有"小猫"又有"飞机",对我们的功能实现产生了一定的影响,所以可以设定这个"飞机"在固定路线飞行结束之后再显示。

怎么样才能知道RoboMaster TT的固定路线飞行已经结束了呢?聪明的你一定想起来在任务一中曾经广播过的"固定路线飞行结束"消息啦(见图2-5-14)!

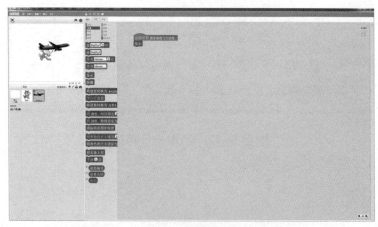

图2-5-14　接收固定路线飞行结束消息

3 当然,"飞机"图案的大小、位置需要在显示之前就做好调整(见图2-5-15)。

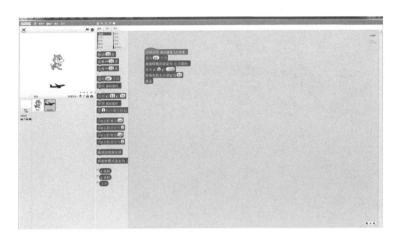

图2-5-15 调整提示图案大小和位置

4 在这个模块启动的同时,可以把紧急迫降的功能加入里面。大家一定没有忘记,RoboMaster TT降落是有提示信息的,所以我们在降落之前要向其他模块广播RoboMaster TT降落的消息(见图2-5-16)。

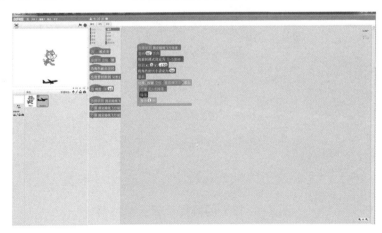

图2-5-16 使用空格键控制紧急迫降

5 当然,仅仅这样还没有结束,现在程序只会在启动的时候检测一次空格键是否按下，所以我们在迫降功能的外面加上"重复执行"的语句，这样RoboMaster TT在整个飞行过程中都随时能够降落（见图2-5-17）。

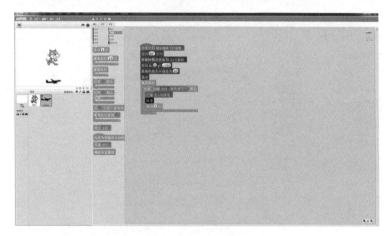

图2-5-17　加上重复执行语句

6　当RoboMaster TT在降落时，我们也可以让"飞机"图案在屏幕上闪烁以便进行提醒（见图2-5-18）。

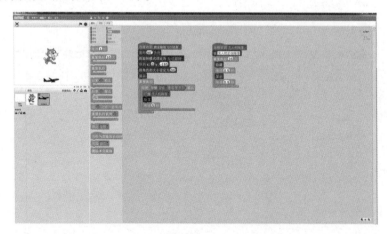

图2-5-18　闪烁提示无人机降落

7　路线提示模块的另一个重要功能就是指示RoboMaster TT的飞行方向。当接收到RoboMaster TT向某个方向进行飞行的消息时，可以让"飞机"图案进行移动,并发出声音,以便大家确定RoboMaster TT已经接收到飞行指令了。

接下来以向左飞行为例,完成飞行方向指示的功能。由于选择的"飞机"图案默认是朝向右边的,所以当接收到RoboMaster TT向左飞行的消息时,可以让图片面向左边(见图2-5-19)。

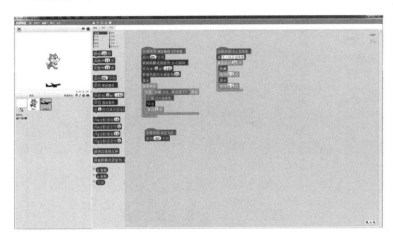

图2-5-19　接收到向左飞行消息

8　接下来可以让"飞机"图案先播放一段声音,然后说"向左飞行"(见图2-5-20)。

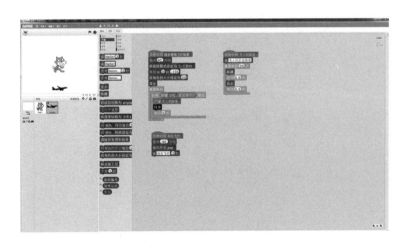

图2-5-20　播放声音并提示向左飞行

9 然后让"飞机"图案向左上方移动。移动完之后就可以把图案隐藏起来啦(见图2-5-21)!

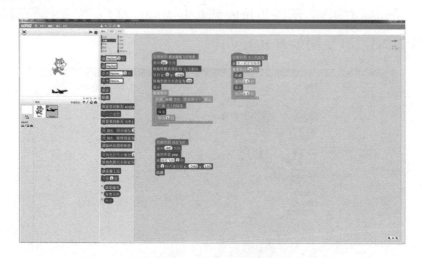

图2-5-21　移动图案并隐藏

10 因为RoboMaster TT可能不止一次会向左飞行,所以在隐藏之后可以让它回到原来的位置,然后再显示出来,记得要停止当前脚本哦(见图2-5-22)!

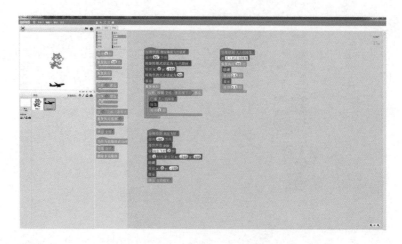

图2-5-22　停止当前脚本

11 因为在这个项目中,我们将会使用手势控制RoboMaster TT飞行,而飞行有"上、下、左、右、前、后"六个方向,所以就有六个方向指示程序。虽然方向不同,但是指示的方法是一样的,所以除了"向左飞行"的程序之外,其他五个方向指示程序你能自己写出来了吗(见图2-5-23)?

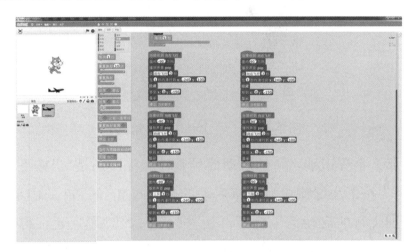

图2-5-23　其他五个飞行方向指示程序

任务五:实现启动手势识别模块

1 聪明的你一定记得,在上一个任务中,完成了路线指示模块之后,紧接着要完成的就是无人机启动模块,但是在这个项目中,因为RoboMaster TT结束固定路线飞行之后并没有降落,而是悬停在空中,所以我们不再需要让RoboMaster TT做起飞动作,而是只要确认RoboMaster TT能够接收手势信号就可以了,因此,对于上一个项目已经写过的程序,要做出一定修改。

最开始,我们同样导入一个角色来表示这个手势识别模块。这次我们选用"火箭"图案(见图2-5-24)。

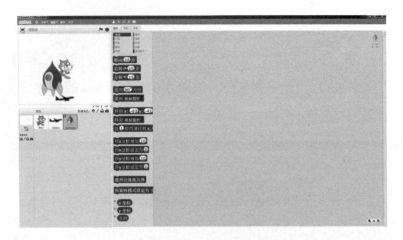

图2-5-24 再次新建一个角色

2 那么手势识别飞行的启动信号是什么呢？还是"当按下小绿旗启动"吗？因为按下小绿旗之后应该启动的是RoboMaster TT的固定飞行，所以手势识别飞行的启动信号就不再是"按下小绿旗"了。还记得固定路线飞行模块大家写的最后的语句是什么吗？没错，正是广播"固定路线飞行结束"。所以手势识别飞行的启动信号就是"当接收到固定路线飞行结束"（见图2-5-25）！

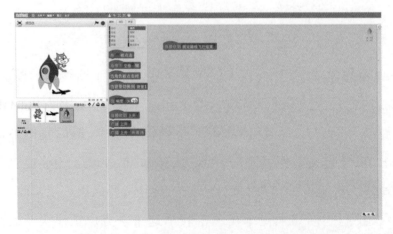

图2-5-25 接收固定路线飞行结束消息

3 当接收到固定路线飞行结束的信号之后，就可以开启摄像头，调整"火箭"的大小、位置啦（见图2-5-26）！

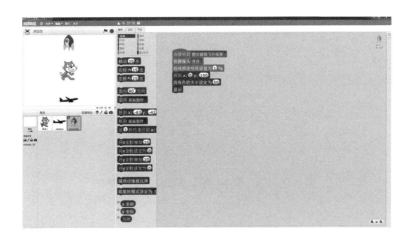

图2-5-26　开启摄像头

4 接下来就应该初始化各项变量，由于界面分布的原因，只能同时存在两个方向指示图标，所以每个方向指示都需要包含三个方向，那么，要设定两个变量，分别表示左、前、上、右、后、下（见图2-5-27、图2-5-28）。

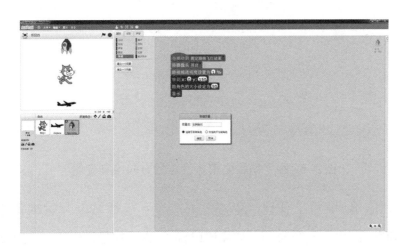

图2-5-27　新建两个方向控制变量1

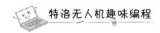

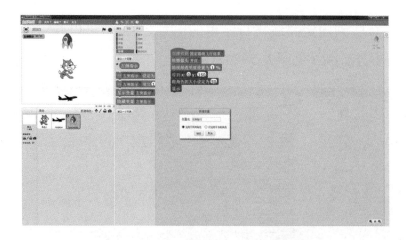

图2-5-28 新建两个方向控制变量2

5 在初始化的时候,我们让"左侧指示"和"右侧指示"分别表示向左飞行和向右飞行(见图2-5-29)。

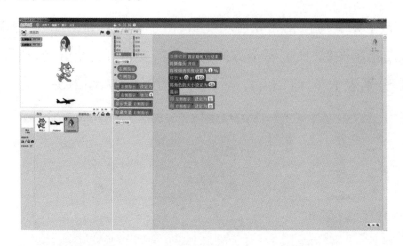

图2-5-29 初始化刚才设定的方向控制变量

6 到这里,准备工作已经基本完成,接下来就可以开始准备进行手势识别啦！首先发出一个信号,让大家知道前面的工作已经完成,手势识别已经待命(见图2-5-30)！

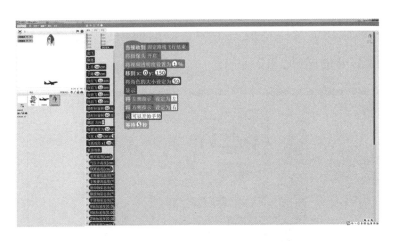

图2-5-30   提示可以开始手势

7   虽然程序提示已经可以开始手势识别,但是为了确认手势识别成功之后能够正确地向无人机发送指令,可以先进行一次手势识别,识别成功后让无人机做出一次翻滚动作,这样一来就可以确定RoboMaster TT现在已经可以进行手势控制了。从逻辑上分析,应该是在大家发出信号之前,摄像头一直在等待,所以可以使用"在……之前一直等待"语句。还记得在Scratch中如何通过摄像头判断手势吗?没错,就是"视频动作对于当前角色>( )之前一直在等待"语句(见图2-5-31)!

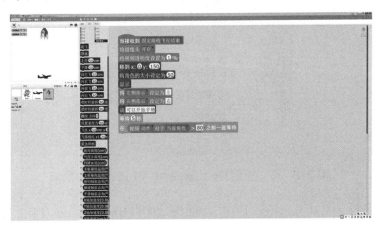

图2-5-31   开始进行手势识别

8　识别成功后可以播放一个声音。前面项目中已经介绍了如何导入声音,本项目不再赘述(见图2-5-32)。

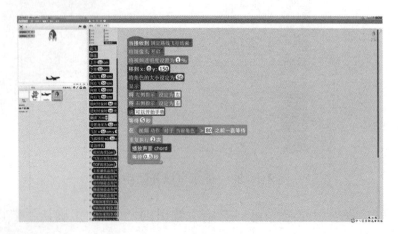

图2-5-32　导入一个声音并播放

9　如果听到声音,则表示摄像头已经识别到手势啦!接下来就让RoboMaster TT进行一次翻滚动作(见图2-5-33)。

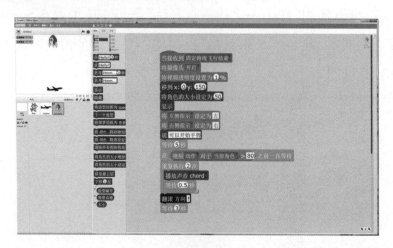

图2-5-33　控制RoboMaster TT进行一次翻滚

10　当看到RoboMaster TT进行翻滚,说明RoboMaster TT已经能够通过Scratch和摄像头交互了,所以可以告知其他模块,手势识别已经启动。对了,别忘记隐藏这个角色并停止当前脚本哦(见图2-5-34)!

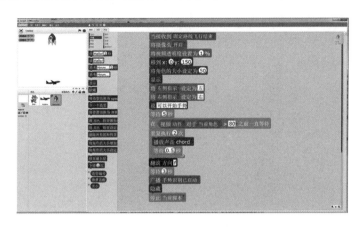

图2-5-34　发送手势识别启动消息

任务六:实现切换飞行方向模块

1　切换飞行方向模块的主要功能,是实现通过屏幕左右两个方向箭头表示"上、下、左、右、前、后"六个方向,所以我们需要一个模块进行切换。以图2-5-35为例,按钮表示切换飞行方向,在程序刚开始的时候,左右方向箭头分别表示向左飞行和向右飞行,当我们手势指向按钮时,左右方向箭头同时进行切换,表示向前飞行和向后飞行,手势再次指向按钮则切换成上升和下降,如此循环。

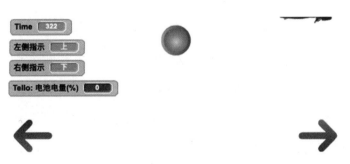

图2-5-35　切换飞行方向模块示意图

2 首先应该先把按钮图案导入舞台区(见图2-5-36)。

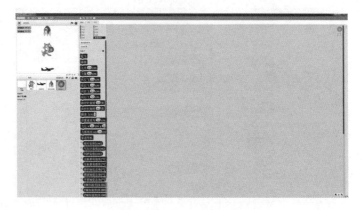

图2-5-36 新建按钮

3 当小绿旗被点击的时候,首先调整这个按钮的位置和大小(见图2-5-37)。

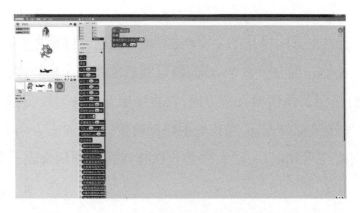

图2-5-37 调整按钮的大小位置

4 然后,需要建立两个列表:左侧方向列表和右侧方向列表。因为两个方向箭头要表示六个不同的方向,所以每个箭头都要表示三个飞行方向,把三个不同的方向放进一个列表中,才能在需要的时候从列表中找到需要的方向。规定左侧方向列表(左边的方向指示箭头)需要表示左、前、上三个方向;右侧方向列表表示右、后、下三个方向(见图2-5-38、图2-5-39)。

268

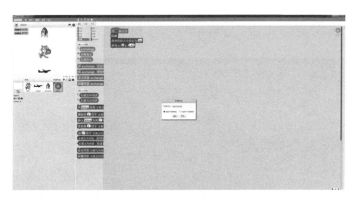

图2-5-38　新建两个列表1

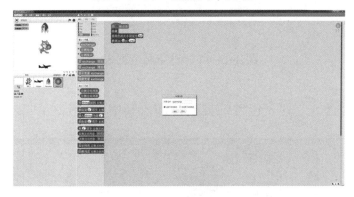

图2-5-39　新建两个列表2

5　这两个列表会把界面的空间都占满,所以先把它们都隐藏起来(见图2-5-40)。

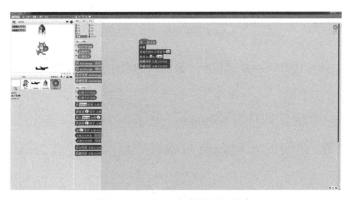

图2-5-40　隐藏两个列表

6 为了确保清空列表,先删除两个列表中的全部项(见图2-5-41)。

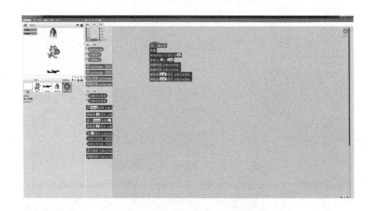

图2-5-41　清空两个列表

7 然后把每个列表包含的方向都加入其中(见图2-5-42)。

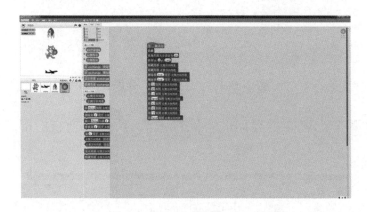

图2-5-42　将方向都加入列表中进行存储

8 建立一个变量叫作"exchange"(见图2-5-43)。这个变量就是把"左"变成"前"的关键,详细的原理在前面项目中已经解释过,你还能想起来吗?

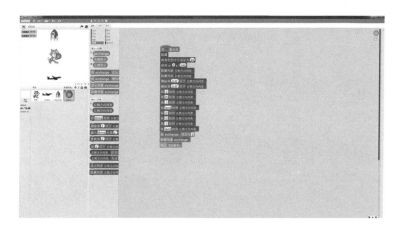

图2-5-43　建立"exchange"变量并初始化

9　这样,我们就把需要的列表和变量都进行了初始化。接下来就可以准备实现具体的功能了。什么时候才能开始准备切换方向呢? 当然是当手势识别已启动之后啦(见图2-5-44)!

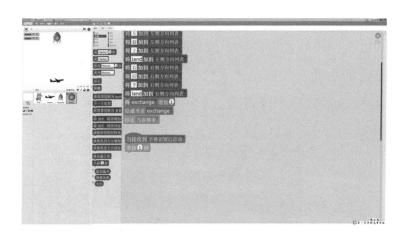

图2-5-44　接收手势识别消息

10　按钮在点击小绿旗的时候被隐藏了,当手势识别启动之后,就应该显示出来啦(见图2-5-45)!

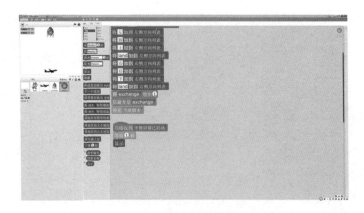

图2-5-45　显示按钮

11 接下来,回忆一下"exchange"这个变量的作用。对于列表来说,最开始加进去的数据叫作第1项,第2个加进去的数据就叫作第2项。最开始的"exchange"的值是1,正好对应了列表的第1项,那么如果我们把"exchange"加1,是不是刚好对应了列表的第2项? 用程序的语言来说就是"左侧方向列表的第'exchange'项"! 所以如果我们想要切换方向,只需要让"exchange"变量发生变化,就可以调用列表里面的不同值啦! 右侧方向指示也是一样的哦!

所以,按钮的功能首先就是当手势识别成功之后,将"exchange"的值增加1,同时我们也可以播放一个声音表示正确识别到了手势(见图2-5-46)。

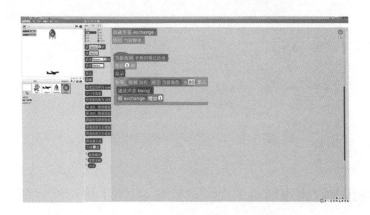

图2-5-46　检测手势并播放声音

12 同时要考虑一个情况：每一次手势指向按钮，"exchange"的值就增加1，但是每一个列表（左侧指示列表和右侧指示列表）中都只有4个变量，当"exchange"的值增加到5时，列表中已经没有内容了，程序就会出错了，所以我们要对"exchange"进行限制，让它不能超过4。要如何实现呢？大家还记得在前面项目中是如何实现这个功能的吗？没错，就是判断"如果exchange的值大于列表的长度，那么将"exchange"的值设定为1"，这样一来，当第五次手势识别成功之后，"exchange"的值为5，此时"exchange"的值已经大于了列表的长度4，接下来就让"exchange"的值再次变回1，实现"exchange"的值在1到4之间循环（见图2-5-47）。

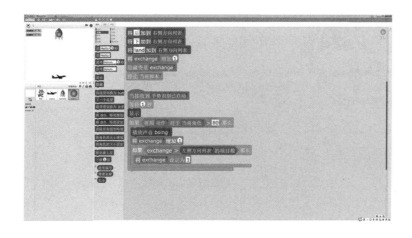

图2-5-47 设定"exchange"的值不大于列表项目数

13 此时，列表中的第"exchange"项就是我们所需要的内容。为了提示大家当前的左侧方向箭头和右侧方向箭头表示的是哪一组方向，我们可以让"左侧指示"等于"左侧指示列表的第exchange项"，这样一来，在无人机飞行的时候只需要判断左侧指示的值，就能知道应该让无人机往哪边飞行了，用Scratch来表示如图2-5-48所示。

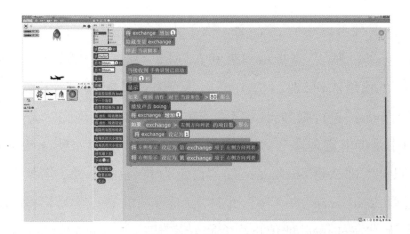

图2-5-48　将"左侧指示"通过"exchange"值进行固定

14 实现了通过"exchange"值切换列表的内容之后,切换方向的主要功能就已经实现了,现在需要告知其他模块已经切换方向啦(见图2-5-49)!

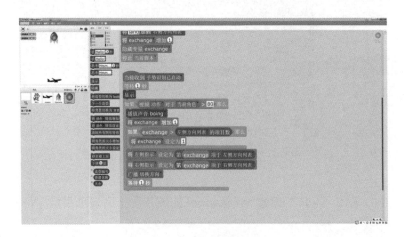

图2-5-49　广播切换方向

15 到这里,切换方向模块的基本功能已经完成,但是缺少了非常关键的一个语句:重复执行。因为如果没有重复执行语句,这段代码只会运行一次,无法实现一直切换方向的功能!所以要在手势识别之前加上重复执行语句,让这段代码一直运行(见图2-5-50)。

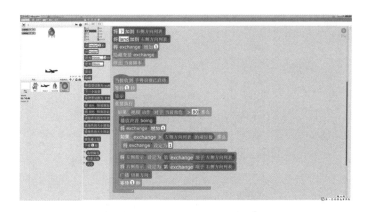

图2-5-50　重复执行手势判断

16　由于Scratch程序运行的机制限制，如果任何时候都能切换方向的话程序会出现一个Bug（漏洞），因此为了阻止该Bug出现，只需要设定RoboMaster TT在飞行过程当中是无法切换方向的就可以啦！为了做到这一点，我们可以先设定一个变量叫作"正在飞行"，用它来表示RoboMaster TT当前的飞行状态（见图2-5-51）。

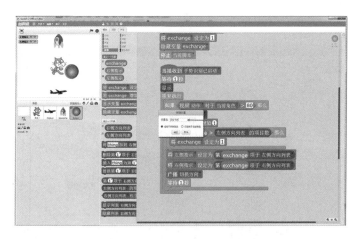

图2-5-51　新建"正在飞行"变量

17　首先给它一个初始值"否"，并让它隐藏起来。这样当手势识别启动之后它才能正常运行（见图2-5-52）。

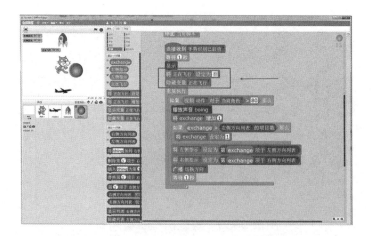

图2-5-52　设定"正在飞行"初始值

18 然后就可以修改小绿点的触摸条件啦！因为需要在RoboMaster TT没有飞行的情况下才能触摸，所以可以将程序中的"如果视频动作对于当前角色>80"修改为"如果视频动作对于当前角色>80"与"正在飞行=否"，这样一来，如果RoboMaster TT正在飞行的话，切换方向的功能就是无法使用的了（见图2-5-53）。

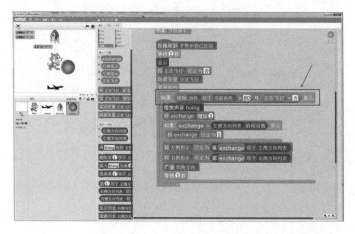

图2-5-53　修改触摸条件

19 最后，为了实时显示无人机的电量，便于更换电池，可以在"更多积木"中,找到"电池电量(%)"的语句,点击语句前面的小方框,让它出现在界面中,并用鼠标拖动界面上的电池电量,放在一个合适的地方(见图2-5-54)。

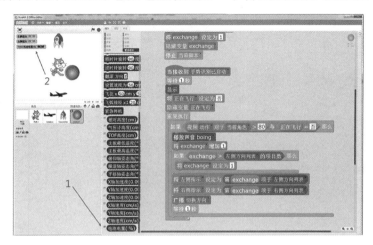

图2-5-54　勾选"电池电量(%)"以在界面上显示电量

任务七:实现无人机飞行模块

1 　最后就只需要实现无人机的飞行模块啦!同样,首先新建一个"方向箭头"角色(见图2-5-55)。

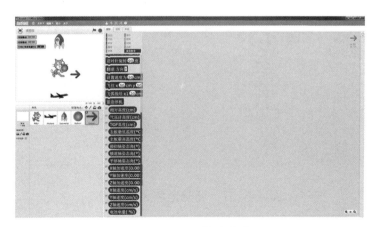

图2-5-55　新建角色

2 只有在手势识别已启动之后,才可以进行手势控制,所以程序的起点应该是"当接收到手势识别已启动"(见图2-5-56)。

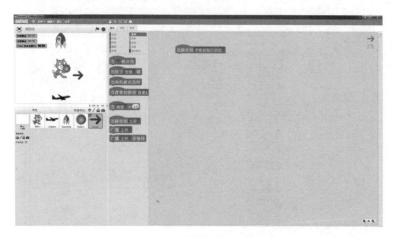

图2-5-56 接收手势识别成功消息

3 在开始进行手势识别之前,可以先调整一下箭头的方向、位置和大小(见图2-5-57)。

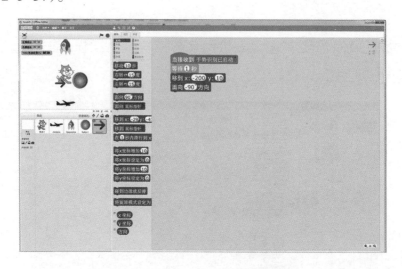

图2-5-57 调整角色大小位置

4　要明确一点,手势识别不是一次性的,而是要一直执行的,所以接下来的程序都应该能够重复执行(见图2-5-58)。

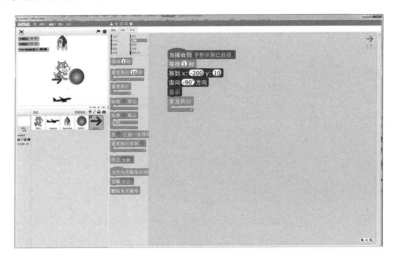

图2-5-58　重复执行后续语句

5　手势识别的语句大家应该都还记得吧(见图2-5-59)!

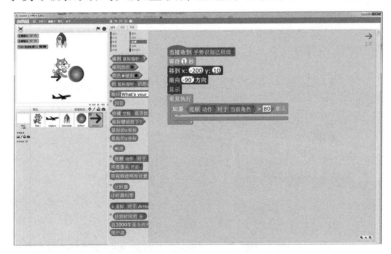

图2-5-59　检测手势

6　和上一个任务中的小绿点逻辑一样,当RoboMaster TT正在飞行的时候,再让它飞行的话也是不可能的,所以这里也应该进行判断:当摄像头识别到手势动作，并且"正在飞行"变量为否的时候，才能继续往下执行（见图2-5-60）。

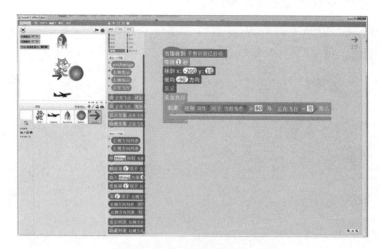

图2-5-60　修改手势条件

7　当方向箭头识别到手势之后，就应该准备向无人机发出指令。但是到底让无人机怎么飞行呢？是向左还是向前？是下降还是降落？所以需要先判断当前的左侧指示表示的是什么含义。

首先可以判断是不是降落指令（见图2-5-61）。

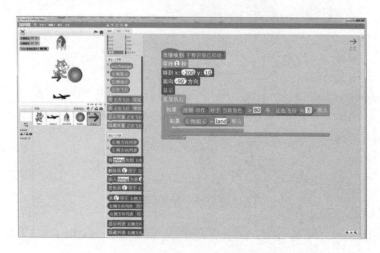

图2-5-61　判断左侧指示的值是否为"land"

8 如果左侧指示现在是降落指令,那么就广播"无人机降落"的消息,并且让无人机降落(见图2-5-62)。

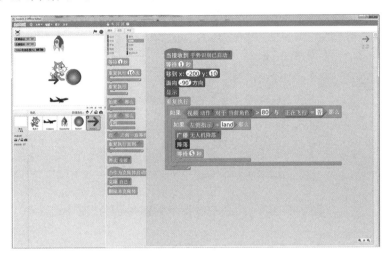

图2-5-62　降落指令

9 对于左侧指示而言,它的值只会是"land""左""前""上"四种情况,如果不是"land",也有可能是剩下三种中的任何一种,所以我们要分别进行判断。判断的方法和"land"一样,以"向左飞行"为例,逻辑是"如果左侧指示等于'左',那么广播'向左飞行',无人机向左飞行"。为了能够精准地控制无人机飞行,可以设定每一次识别到向左飞行的手势时,无人机飞行1米。此外,在广播"向左飞行"之前,要把"正在飞行"变量设定为"是",代表着无人机正在飞行,此时小绿点和方向箭头的触摸功能都无法使用(见图2-5-63)。

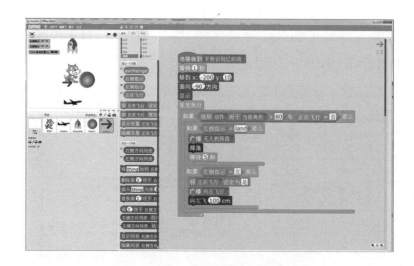

图2-5-63　判断左侧指示的值是否为"左"

10　飞行完成之后可以闪烁5次（见图2-5-64）。

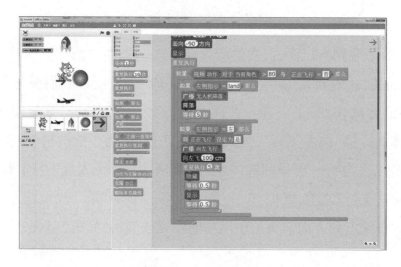

图2-5-64　让箭头闪烁

11　图标闪烁完成之后，将"正在飞行"重新设定为否，这样一来，我们就可以再次用手势控制RoboMaster TT啦（见图2-5-65）！

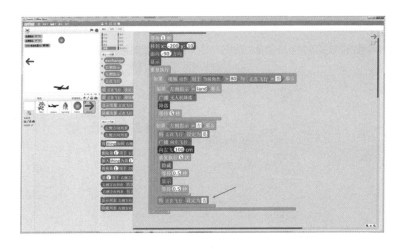

图2-5-65　重新设定"正在飞行"变量

对于"向前飞行""上升",判断方法与"向左飞行"一样,不过当RoboMaster TT上升的时候,设定每一次上升的距离是50厘米(见图2-5-66)。

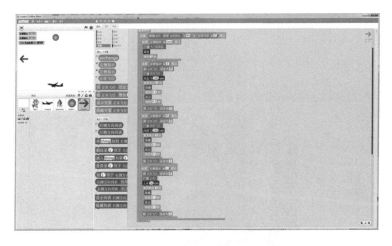

图2-5-66　判断左侧指示当前值

12 这样一来,当手势指向左侧指示的方向箭头时,无人机就会向当前左侧指示所代表的方向飞行啦!为了让程序更加完整,可以再编写一段接收到无人机降落信号的提醒语句,功能是当接收到无人机降落的消息时,方向箭头闪烁5次(见图2-5-67)。

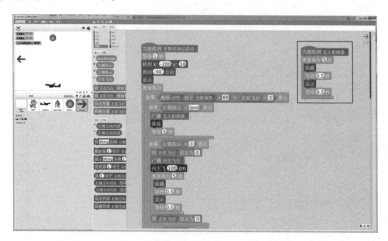

图2-5-67　闪烁提示RoboMaster TT降落

13 本书以左侧方向指示箭头为例,对于右侧方向指示箭头则不再重复讲解。右侧方向指示箭头的程序编写方式和左侧方向指示箭头基本一致,只是换成了对"右侧指示"进行判断,无人机的飞行方向也是右侧指示列表中的方向(见图2-5-68)。

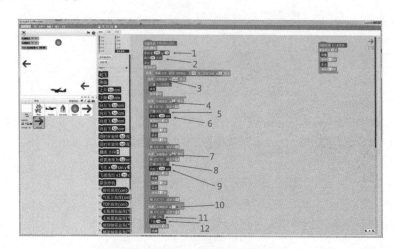

图2-5-68　右侧指示判断程序

14 最后,可以稍微调整一下舞台区变量的显示效果,改为大屏幕显示（见图2-5-69）。

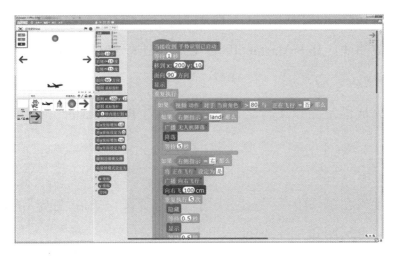

图2-5-69　调整变量显示效果

15 至此，本项目的程序已经编写完毕，现在，带上RoboMater TT，在一片开阔的场地上点击小绿旗，让无人机飞起来吧！

4.我们学到了

相比之前的几个项目，本项目的难度体现在无人机飞行路线以及控制方法的不确定性上。在本项目中，无人机的飞行路线和远程控制方法都是不确定的，但是如何实现固定路线飞行以及无人机的远程控制方法在之前的项目中都已经学过啦！所以相信这个项目也一定难不倒聪明的你！本项目学习的主要内容包括：

（1）根据地图规划飞行路径；

（2）根据飞行阶段灵活使用"广播"语句；

（3）利用列表存储及读取数据；

（4）无人机的控制语句；

扫码查看
完整编程
视频

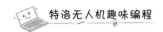

(5)系统性项目的模块化。

根据项目完成的情况,给自己的表现打个分吧!

(1)我成功地让RoboMaster TT起飞并按照规划好的路径进行飞行啦!

☆ ☆ ☆ ☆ ☆

(2)在完成固定路线飞行之后,我成功地让RoboMaster TT启动远程控制系统啦!

☆ ☆ ☆ ☆ ☆

(3)本项目在第一阶段固定路线飞行中选择了一条最"好走"的路径,那么从起点到终点最"快"的路径你能写出来吗?

如果在操作中遇到了问题,不要着急,看看下面的Q&A中有没有解决方案!

Q1:为什么Scratch中的翻滚积木不是"翻滚( )"而是"翻滚"?

A1:当你使用官网下载的最新Tello.e2s时会出现这种情况,建议使用本书提供的Tello.e2s文件,本书提供的Tello.e2s进行了小幅度修改。